Kamo River, Kyoto:
The real image seen from
"Light and Shadow"

京都・鴨川

「光と影」から
みる実像

吉越昭久 編著
Yoshikoshi Akihisa

文理閣

はじめに

　京都には多くの河川が流れているが、その一つに鴨川がある。鴨川は淀川の支流に過ぎないものの、京都の市街地を流れ、頻繁に歴史の舞台にも登場してきたことから、日本では最もよく知られた河川の一つになっている。豊かな生態系を持ち、美しい景観を備えていて、京都のまさにシンボル的な河川にもなっている。その源流は北山山地にあって、そこから南流して伏見区下鳥羽で桂川に合流し、最終的には淀川として大阪湾に注いでいる。鴨川は、桂川と合流するまでの支流全体を表すと共に、高野川との合流点より下流の名称としても用いられる。高野川との合流点より上流は文字が異なり、賀茂川という。

　鴨川は文学作品でも数多く取りあげられてきたし、最近でもかなりの数の単行本が刊行されている。しかし、その多くは特定の分野を対象にしたもので、鴨川の優れた面に焦点をあてているということではほぼ共通した特色がみられる。

　そこで、このような状況を踏まえた上で、鴨川に関して以下のような特色を持った単行本を刊行したいと考える。まず、特定の分野だけで完結させずに、自然科学・歴史学・文学・地理学といった分野に依拠しながらも、それらを相互にかかわらせた内容にする。学際的に考察するというとわかりやすいであろうか。さらに、鴨川の優れた面だけでなくそれに反する面もとらえることなどで、その多様性を明らかにする。具体的には、光と影・明と暗・生と死・清と濁・聖と俗などのように物事を表裏からみることや、時間的・空間的な比較を通してとらえる方法などを用いる。このような視点からその多様性をとらえることで、これまでの単行本にはみられないような鴨川の実像を浮き彫りにしてみたい。

本書は四部（第一部「鴨川の自然と環境」、第二部「鴨川の治水」、第三部「鴨川の文化と歴史」、第四部「鴨川の景観とイメージ」）から成り、各部はそれぞれ四から一一の章（合計二六章）で構成されている。その各章は、「おわりに」で触れるようなメンバーによって執筆されている。部を構成する四つの大きなパーツと、章を構成する二六の小さなパーツが有機的に組み合わさって、相互に関連させながら鴨川の全体像を紡ぎだすような構成になっている。なお、本書はどの章から読み始めていただいても結構である。興味が湧く章から始めて、徐々に範囲を広げていただければと願っている。

このようないくつかの試みを取り入れることで、新たな鴨川の姿を浮かび上がらせることができるのではないかと考える。本書の表紙に掲げた写真のような、これまで何気なくみていた鴨川の美しい景観やよいイメージにも、あまり知られていない様々な歴史や背景があったことを理解していただけるだろう。

吉越昭久

京都・鴨川――「光と影」からみる実像――◎目次

第二部　鴨川の治水

第三部　鴨川の文化と歴史

第一部　鴨川の自然と環境

第一章
鴨川の環境に対する人々の意識

三田剛史

一　はじめに

河川は、人間の生活と密接なかかわりを持っている。そのため、河川環境を評価しその改善を図っていくことは、人々が良好な生活をしていくためには必要なことである。

ところで、河川環境を評価する場合、人々がそれに対してどのような意識を持っているかを無視することはできない。そこで河川環境についての人々の意識をアンケート調査や聞き取り調査によって求め、その結果を河川環境の評価や改善につなげるための材料にしてみたい。具体的には、まず鴨川の全体的な自然環境を把握し、次にその特徴的な自然環境や環境問題に関する三つのトピック（オオサンショウウオの棲息、ダム建設問題、産業廃棄物処理施設問題）を取り上げ、人々が鴨川の環境をどのように認識し、どのような意識を持っているかを明らかにしてみたい。

これまで、鴨川に対する意識を扱った研究には、吉越昭久や土屋英男ほかなどがあるが、あまり多くなくしかも研究対象が限定されていたため、人々の一般的な意識をとらえることは難しかった。そこで、鴨川の自然環境に対する人々の意識をみるために、平成一六（二〇〇四）年の夏にアンケート調査を実施した。調査は、鴨川を訪れていた人を対象に無作為に抽出した上で実施し、その場で回答してもらうという方法を採った。アンケートの設問は七問で、アンケート用紙にはそのほかに、回答者の属性（性別・年齢・現住所・京都市在住の場合には居住年数も）についての記入欄と、鴨川の自然についての自由解答欄を設けた。設問のうち、前半の四問は鴨川の自然環境全般についての意識を聞いたものであり、それぞれ六〜七段階の選択肢の中から選択してもらう形式とした。設問後半の三問は、鴨川の自然環境問題に関する具体的なトピックを聞いたものであった。なお、本章では紙幅の制約上、アンケート用紙やその結果を図表などで詳細に表現することは省略したが、内容を判断できるように本文中に数字などをあげておいた。

二　鴨川の自然環境に対する人々の意識

本項では、アンケート調査結果のうち前半四問の集計をもとに、回答のあった四二人の鴨川に対する全体的な意識を明らかにしたい。

鴨川はきれいか？

現在の鴨川がきれいかどうかを尋ねた問いでは、「きれいだと思う」と答えた人が一九人と最も多く、低い評価は少なかった。しかし、全体的に評価がよいにもかかわらず、最高の評価である「大変きれいだと思う」と答えた回答者がいなかった。否定的な評価をした人が理由として多くあげたのは、ゴミの存在や美観上の問題点であった。鴨川の自然環境としての「きれいさ」については、極めて悪い印象を持っている人は少ないものの、理想的というほどの積極的な評価はされていないようである。

鴨川は以前よりもきれいか？

また、現在の鴨川が以前に比べてきれいになったかを尋ねた問いには、「変わっていない」との回答が一一人と最も多かったが、きれいになったとする肯定的な回答（一六人）が否定的な回答（六人）よりも多かった。いにしえより讃えられてきた鴨川の水質は、ＢＯＤ（生物化学的酸素要求量）などの数値をみると昭和四五（一九七〇）年頃をピークに悪化したが、その後、下水道施設の普及などによって改善されてきた。近年では、日常生活で不快を感じず、アユが棲息し、水道原水に使用できる程度にまで改善された。この水質改善が肯定的評価を導いていると考えられるが、京都に永く住み汚染前の鴨川を知る人は、その半数が「汚くなった」と回答している。

鴨川の生物は豊富か？

鴨川に生物（魚、鳥など）が多く棲息していると思うかを尋ねた問いには、大多数が「多く棲息している」「それなりに棲息している」と回答している。鴨川では日常的に水鳥や魚をみることができ、鳥・魚・昆虫の棲み処となりそうな植物群落もある。昭和六三（一九八八）年に公表された調査結果では、鴨川に二九種の魚類が確認され、鳥類も昭和五二（一九七七）年から昭和五七（一九八二）年の調査では延べ四四種が確認されたという。このように、鴨川では日常的に生物をみかけることが、生物が豊富とする評価につながった。

鴨川の自然は豊かか？

鴨川の自然は豊かだと思うかという問いには、「豊か」「少しは豊か」と積極的な回答をした人が二一人と多数を占めたが、「豊かでない」と答えた人も多く（八人）、「普通だ」とする回答も相当数（一一人）あった。自然の豊かさに関しては、評価が分かれたといえる。「豊かだ」と答えた人にその理由を口頭で尋ねたところ、「鴨川を都市内における貴重な緑地空間として評価している」や「鴨川が京都の景観的豊かさをもたらしている」などの回答があった。その反面、「豊かでない」と答えた理由には、鴨川の河川敷にある人工物やゴミの存在などが鴨川の自然を損なっているという内容があげられた。この結果は、鴨川には豊かな自然環境と、人為的な管理という二律背反的な側面があることを伺わせる。

以上の結果をまとめてみると、鴨川の自然環境に対する評価には、肯定的なものが多く否定的なものが少ないということがわかった。そのため、鴨川は人々に「きれい」で「生き物が多く棲息する」「自然が豊富」な河川だと意識されていると見做せる。

しかし、鴨川が「大変きれいだと思う」という最高の評価を回答した人は皆無で、鴨川の自然環境に対する良好な意識は、漠然としたものととらえられる。この曖昧な肯定的評価は、自然環境を破壊し尽くすことなく市街地に組み込まれてきた鴨川の歴史が、人々の一般的な評価をもたらしたのではないかと考える。

三　トピックからみた鴨川の自然環境についての認識

オオサンショウウオの棲息

鴨川上流では、オオサンショウウオの棲息が確認されている。オオサンショウウオは岐阜県以西の河川上流域に棲息し、国の特別天然記念物に指定されている日本の固有種である。棲息数は少なく、環境省レッドデータブックでは準絶滅危惧種に指定されている。オオサンショウウオの棲息は、その河川の生態系が良好に保持されているかどうかの指標にされている。

鴨川では毎年数匹～十数匹のオオサンショウウオが保護されており、そのことから相当数が棲息していると思われるが、正確な棲息数や棲息域はわかっていない。アンケート調査では、鴨川におけるオオサンショウウオの棲息について尋ねてみた。その結果、「知っている」が一一人、「棲息していると聞いたことがある」が五人、「知らない」が二五人であった。回答者を属性別にみると、京都市の在住年数が長い人ほど、オオサンショウウオの存在について認識している割合が高かった。

ダム建設問題

昭和六二（一九八七）年に、鴨川上流にダムの建設計画が持ち上がったことがあった。この計画は市民団体の反対などにより、平成二（一九九〇）年に撤回された。注目すべき点は、このダム反対運動が、ダムの建設による森林の消失やオオサンショウウオの絶滅の危惧に代表される河川生態系の破壊などを防止しようと、盛り上がりをみせたことである。なお、ダム建設の予定地となったのは、図1-1に示してあるように北山から京都盆地に入る手前の地点であった。

アンケート調査では、「過去に鴨川でダム建設が問題になったことを知っているか」という問いに対し、「知らない」との回答が二九人と、圧倒的に多いという結果になった。特に、京都市の在住年数が三〇年

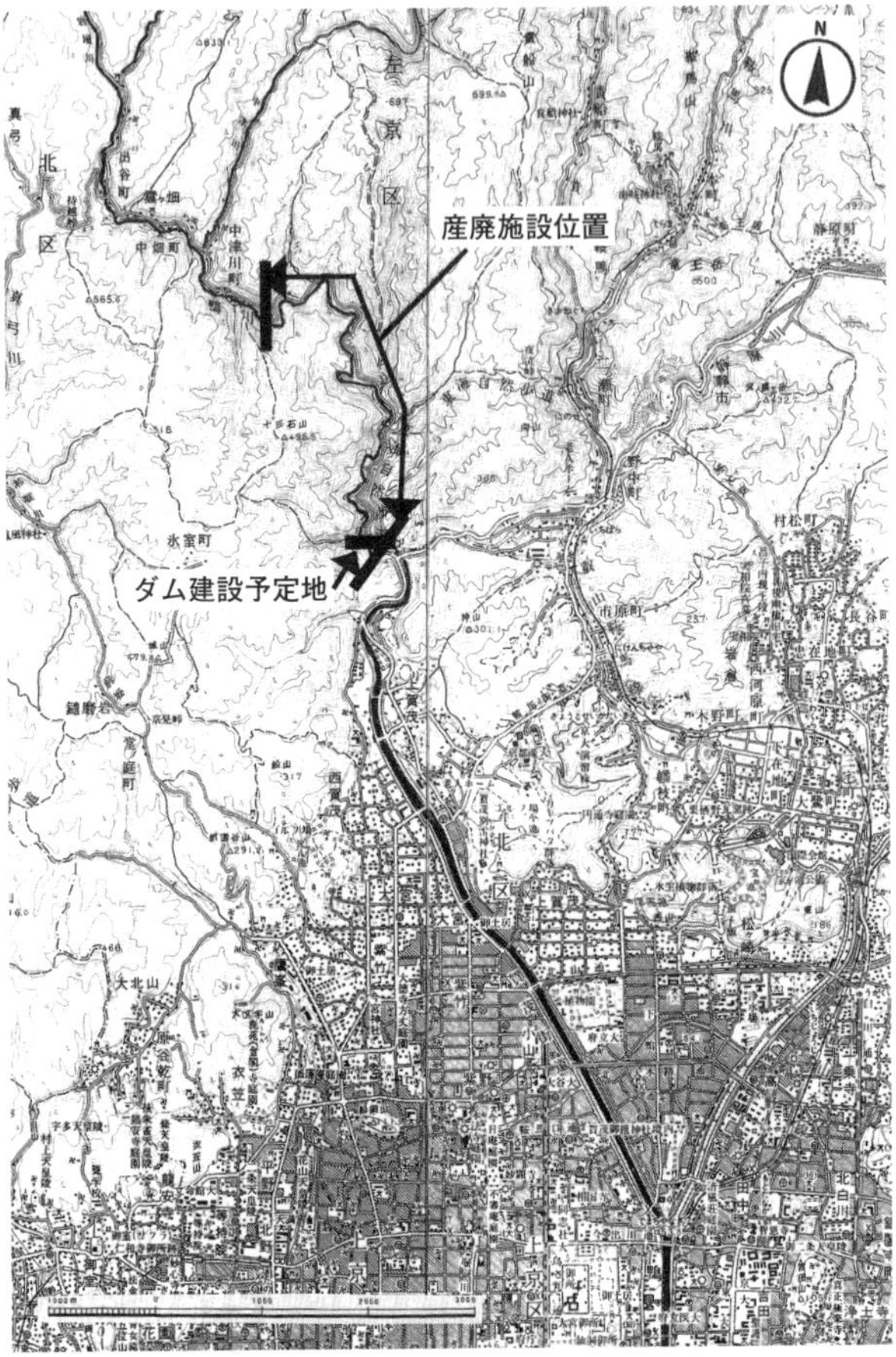

図1-1　ダム建設予定地および産業廃棄物処理施設位置
（五万分の一地形図「京都東北部」「京都西北部」）

未満の回答者でこのことを知っている人が一人と、極めて少なかった。それに対して、京都の在住年数が三〇年以上の回答者では、ダム建設問題について認識している人が多くみられた。ダム建設問題についての記憶は、若い世代に伝えられることなく、今や風化しつつあるのであろうか。

産業廃棄物処理施設問題

鴨川の水質や生態系に影響を及ぼすと懸念されているのが、鴨川上流に存在する産業廃棄物処理施設とそこからの廃水である。平成一六（二〇〇四）年現在、鴨川上流域に、五カ所の産業廃棄物等の「仮置場」が点在している。その場所は、図1–1に示したようにダム建設予定地から雲ケ畑中津川町に至る区域内である。その名目は仮置場となっているが、複数の業者によって廃棄物の野外焼却が行われていることが地元住民によって確認されており、京都府議会でも問題として取り上げられたことがあった。

産業廃棄物の搬入や焼却灰の埋め立てによって、周辺の土壌や河川水に汚染物質が混入し、深刻な環境汚染を引き起こす危険性が指摘されている。例えば、地元住民の依頼によって行われた土壌の調査では、六四一ピコグラムのダイオキシンが検出されている。これは、環境基準（一〇〇〇ピコグラム）を下回ってはいるものの、一般的な土壌の数十倍の値であり、異常に高濃度といえる。また、平成一四（二〇〇二）年の日本水処理生物学会において過去二〇年間鴨川上流で研究を行っている研究者から、産業廃棄物処理施設が問題となりだした時期から珪藻類に変化がみられ、特に奇形が確認できたとの報告があった。この施設立地と環境変化との因果関係は不明であるが、産業廃棄物処理施設とそこからの廃水が周辺地域の土壌と河川の水環境に何らかの変化を及ぼしている可能性は否定しきれない。

アンケート調査では、鴨川上流にこの施設があることを知っているとの回答は、半数に満たなかった。産業廃棄物処理施設問題はダム建設問題と同様に、人々にあまり認識されていないことがわかった。

四　おわりに

本章においては、鴨川の自然環境について人々がどのような意識を持っているかを、漠然とした意識といくつかのトピックについての認識などから検討してみた。その結果からは、鴨川を訪れている人々は、鴨川を自然が豊富で美しい河川であると意識している一方、鴨川にかかわるトピックについては充分に認識しているとはいえないことがわかった。これは、鴨川の自然環境についての漠然とした好意的な意識が、必ずしも豊富で正確な知識に基づいて導かれたものではなかったことを示している。

鴨川の河川環境を改善するためには、多くの人々が一定の共通する認識を持ち、さらにそれが正しく豊富な知識に裏付けされたものでなければならない。この段階に近づくためには、まだ多少の時間が必要なのかも知れない。

文献

環境庁編（一九八二）『日本の重要な両生類・は虫類の分布（全国版）』環境庁
京都の動物編集委員会編（一九八六）『京都の動物Ⅰ　哺乳類・鳥類・爬虫類・両生類』法律文化社
京都の動物編集委員会編（一九八八）『京都の動物Ⅱ　魚・淡水生物・昆虫とクモ』法律文化社
京都府衛生部公害対策室編（一九八七）『京都府の両生・は虫類』京都府

京都府衛生部公害対策室編（一九八七）『京都府の両生・は虫類の分布』京都府
京都府衛生部環境対策室編（一九八九）『京都府動植物分布図　地域環境地図情報（自然編）』京都府
京都府京都林務事務所編（一九八四）『鴨川の野鳥―六年間の生息調査結果―（昭和五二年二月～昭和五七年一一月）』京都府
京都府公害対策室編（一九七四）『京都府の野生生物』京都府
京都弁護士会（二〇〇二）「雲ケ畑産業廃棄物処理施設問題に関する意見書」京都弁護士会
京都弁護士会公害対策・環境保全委員会編（一九九六）『京の自然保護とまちづくり』京都新聞出版センター
小杉迪子（二〇〇二）「賀茂川上流の水質汚染の生物学的水質判定」二〇〇二年日本水処理生物学会研究報告
田中真澄（一九九二）『ダムと和尚―撤回させた鴨川ダム―』北斗出版
土屋英男・清水健二・勝矢淳雄（二〇〇三）「鴨川にいだく近隣地域の小学校児童とその保護者の認識」用水と廃水四五―六
長谷川敏夫（二〇〇二）『日本の環境保護運動』東信堂
平野圭祐（二〇〇三）『京都　水ものがたり―平安京一二〇〇年を歩く―』淡交社
美旗照子（一九九五）『悠久の京の川』合同出版
吉越昭久（一九九八）「SD法による鴨川のイメージ分析」京都地域研究一三

第二章
水生昆虫からみた鴨川の水質

田嶋大輔

一　はじめに

高度経済成長期には、全国各地で大気汚染や水質汚濁が発生した。鴨川においても、産業廃水や生活廃水の増加により、水質はかなり悪化した。しかし、下水道整備のほか、工場廃水の規制や浄化槽の設置などの生活廃水対策に加え、市民の自主的な活動により水質は改善され、現在では鴨川は全国に知られるような清流を取り戻した。

本章では、鴨川の水質変化に伴い、そこに棲む水生昆虫がどのように変化してきたのかについて検討する。水生昆虫とは、その生活史の全部、あるいは一部を水中で生活する昆虫を指すが、ここでは水生昆虫に加え水生の蠕形《ぜんけい》動物・軟体動物・甲殻類も含めて考察することにしたい。

本章で用いるデータは、基本的には筆者の調査によって得たものであるが、水生昆虫の長期的な棲息状況を知るために、既存の生物学的水質判定のデータも使用した。生物学的水質判定とは、水域の水質がそこに棲息する生物に反映される、という事実を利用した判定の方法である。

対象とした長期的な時期は、昭和三五（一九六〇）年から平成一六（二〇〇四）年までとした。また、対象とした範囲として、最上流は賀茂川の出合橋（北区雲ケ畑）から最下流は桂川と合流する南区下鳥羽までとした。

二　鴨川の水質

まず、鴨川の水質の経年変化についてとらえてみたい。一般的な水質の汚濁指標として、ＢＯＤ（生物化学的酸素要求量）がある。これは、水中の有機物を微生物が分解するのに使われた酸素量のことで、この値が高いほど水が汚れていることを示す。また、ＢＯＤには環境基準の類型が定められ、値によってＡＡ（水道一級に適応）～Ｅ（工業用水三級に適応）までの六段階に分けられている。一般に、魚が棲むことができる水質はＢＯＤ値が五mg／ℓ以下、水道水として利用できる水質はＢＯＤ値が三mg／ℓ以下とされている。

鴨川の三地点におけるＢＯＤ値の変遷を示したのが図２－１である。各地点における数値の変遷をみると、全体的に右肩下

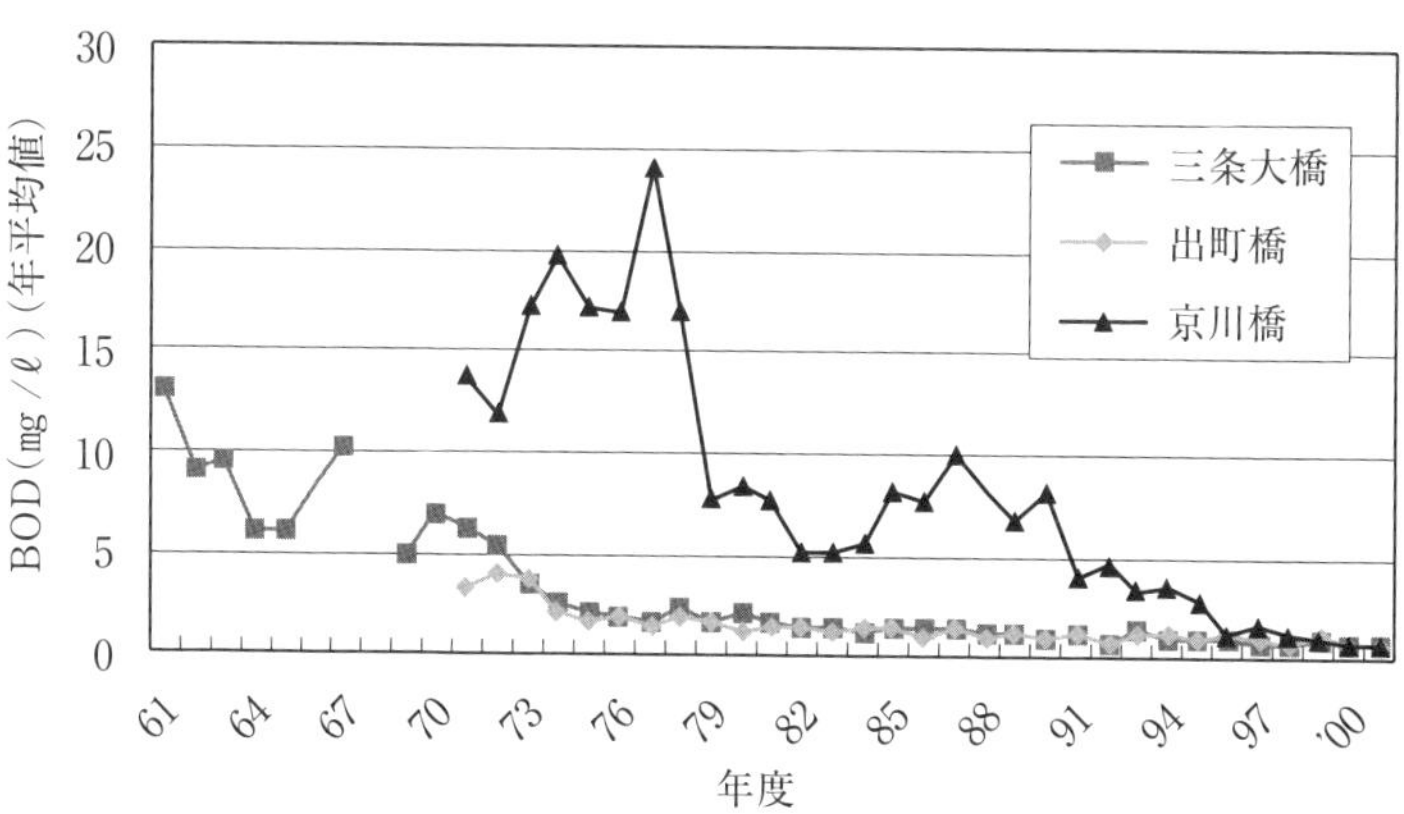

図２-１　三地点のBOD値の変遷

（京都府）

がりで水質がよくなってきていることがわかる。

昭和三五（一九六〇）年以降、産業優先の政策下で鴨川の水質は劣悪なものとなった。水質汚濁に悩まされた市民は、昭和三九（一九六四）年に「鴨川を美しくする会」を結成し、美化運動を展開した。しかし、産業活動の活発化や人口の増加により、水質汚濁は改善されなかった。国は、昭和四五（一九七〇）年に、水環境の保全や修復を意図して望ましい環境基準を設定した。そして同年、国民の健康保護と生活環境保全のために、水質汚濁防止法を施行した。それに伴い同年、京都市は独自に「水質環境基準の水域類型」を定め、工場廃水の規制、廃水処理施設の設置についての指導を開始した。さらに、染色工場などによる産業廃水の監視や指導の強化、下水道の整備を進めた。それらの努力もあって、鴨川の水質は改善の兆しをみせ始めた。

その後、多少の変動はあるものの水質はよくなり続け、平成一二（二〇〇〇）年以降、ＢＯＤ値でみれば、鴨川の水はかなりきれいになったといえる。

三　鴨川の水生昆虫

現在、鴨川にはどのような水生昆虫が棲息しているのであろうか。それを知るために筆者は、平成一六（二〇〇四）年夏季に鴨川において採集調査を行った。調査地点は、上流から順番に、今出川・三条・五条・勧進橋の四地点とした。

筆者による採集調査に加え、京都教育大学附属桃山中学校科学部が同年に実施した上流部の出合橋地点における調査によって得られた結果をもとに、水生昆虫を汚濁に対して耐忍性のある（耐忍性）種とない（非耐忍性）種に分けた。その結果を、まとめて表2‐1に示した。

最上流の出合橋で採集された水生昆虫は、ほとんどが非耐忍性種で、水がかなりきれいであることがわかる。筆者が採集した四地点では、どの地点でもヒゲナガカワトビケラと、ヒル類が多かった。このうち上流側の三地点では、ほぼ同じような棲み分けがなされているとみてよいであろう。

最下流の勧進橋では、ヒゲナガカワトビケラとヒル類のみが採集された。また、ここではほかの地点に比べて、ヒル類の割合が高く、水生昆虫の種類数が少なかった。この理由として、以下の二つが考えられる。第一に貧困な植生であることで、そのために植物に依存して棲息する水生昆虫が少なく、それらの幼虫もまた少ないということである。第二に、下流は水質がよくなってから、現在までの期間が短いということである。水がきれいになってから様々な水生昆虫が棲みつくようになるまでには、ある程度の期間が必要となるからである。

全体的にみると上流ほど非耐忍性種の割合が高く、種類も多様

表2‐1　5地点において採集した生物

地点	採集した生物	
	非耐忍性種（A）	耐忍性種（B）
出合橋	カワゲラ類　ヒラタカゲロウ類　ヘビトンボ　ナガレトビケラ・ヤマトビケラ類	トビケラ類
今出川	ヒゲナガカワトビケラ　ヒメヒラタカゲロウ　キョウトキハダヒラタカゲロウ	シマイシビル　ウマビル　ヒラタドロムシ
三条	ヒゲナガカワトビケラ　オビカゲロウ　キョウトキハダヒラタカゲロウ　カワニナ	シマイシビル　ウマビル　ミズムシ
五条	ヒゲナガカワトビケラ　スジエビ　キョウトキハダヒラタカゲロウ	シマイシビル　ウマビル　ミズムシ
勧進橋	ヒゲナガカワトビケラ	シマイシビル　ウマビル

（筆者の現地調査、および京都教育大学附属桃山中学校科学部資料による）

であった。そして、下流になるほど耐忍性種の割合が高く、種類も少なくなった。また、どの地点においてもヒゲナガカワトビケラが多く棲息していた。また、上流の出合橋を除いた四地点では、ヒル類も目立った。上流を除けば、ヒゲナガカワトビケラとヒル類が、鴨川における優占種といえる。

四　水生昆虫の変遷

過去の水生昆虫の棲息状況については、生物学的水質判定の既存のデータが残されている。そこで、それらを利用して、各時期における水生昆虫の特徴を述べてみたい。なお、このデータにおける調査地点は、年度によって前項とは異なっていることがある。

高度経済成長期の水生昆虫（一九六〇〜一九七〇年代）

昭和三五（一九六〇）年と昭和四六（一九七一）年では、水生昆虫の採集方法・地点も多少違っているため、厳密な比較は難しいものの水質汚濁の程度は判定することができる。

昭和三五年には、上加茂・今出川・三条では数種類の水生昆虫が採集されたが、五条・勧進橋ではまったく採集されなかった。判定指標をもとに水質階級を判定すると、上加茂は「ややきれい」、今出川・三条は「かなり汚い」、五条・勧進橋は「きわめて汚い」の範疇に入った。当時の鴨川の水質の劣悪さが、そのまま水生昆虫の棲息状況に反映された結果となった。

昭和四六年の結果をみると、賀茂川上流の大岩地点ではかなり多くの水生昆虫が採集されており、水質階級も「かなりきれい」になった。平成一六（二〇〇四）年でも多くの水生昆虫が棲むこの地点は、当時においても良好な水質を保っていたようである。加茂大橋・三条・七条の三地点においては水生昆虫の種類数に大差はないが、勧進橋ではほとんど採れなかった。

昭和三五年と昭和四六年とで採取地点がほぼ同一の今出川（加茂大橋）・三条・勧進橋の三地点で比較してみると、今出川（加茂大橋）・三条は、「きわめて汚い」から「かなり汚い」へと変化したほかには、劇的に水生昆虫相が変化した事実はないようである。二つの年のデータからは、非耐忍性種と耐忍性種の種類数を知ることができるが、水生昆虫の具体的な種類についてまでは判明しない。

近年の水生昆虫（一九九〇〜二〇〇四年）

① 上流（大岩・出合橋）

上流では、ほとんどが水質階級Ⅰの水生昆虫しか棲息しておらず、賀茂川の水質のよさがわかる。ほかの地点ではあまりみられないサワガニやヘビトンボも採れた。

② 中流（加茂大橋）

中流では、平成三（一九九一）年から平成一五（二〇〇三）年の間に水生昆虫の棲息状況は大きく変わった。平成三年にはそのほかのカゲロウ類とヒル類しか採集されなかったが、平成七（一九九五）年以降には、カワゲラ類・トビケラ類・ヒラタカゲロウ類も多くなった。また、平成七年には、ヒル類が優占種となったが、平成一二（二〇〇〇）年にはカワゲラ類・ヒラタカゲロウ類が、平成一五年にはナガレトビケラ・ヤマトビケラ類が最も多く採集された。

これらの事実から、この期間内にトビケラ類の遷移があったと予想される。中流のトビケラ類の棲息状況がシマトビケラ科優占からヒゲナガカワトビケラ科優占へと変化したのである。また、上流においてもこのトビケラ類の遷移が起きていた可能性がある。

③ 下流（勧進橋）

下流における結果であるが、上流・中流に比べて生物が明らかに少なく、水質階級Ⅳの汚れた水に棲む水生昆虫も採集された。ここでは、採集地点や年にかかわりなく上流や中流ほどの多様性はみられなかった。

高度経済成長期と近年との比較

① 上流（大岩・出合橋）

昭和四六（一九七一）年には、かなり多くの水生昆虫が採集されており、平成二（一九九〇）年以降も水質階級Ⅰの種類が多くみられた。上流は、高度経済成長期以前からきれいな水質が保たれ、きれいな水に棲む水生昆虫が多く棲息するという状態が続いていた。今後も、水質階級Ⅰのきれいな水にしか棲めない水生昆虫が多く棲息するという状態が続くことが予想される。

② 中流（加茂大橋）

この期間内に、最も大きく変化したのが中流である。昭和三五（一九六〇）年においては、三種類が確認されただけで、水質もかなり悪かった。昭和四六年には七種類の水生昆虫が採集されているが、いずれも耐忍性種であり、生物学的水質判定も「かなり汚い」という結果であった。平成二年以降は、種類数も増え、水質階級Ⅰの生物も数種類がみられるようになってきた。現在のＢＯＤ値から判断して、今後は水質階級Ⅰの水生昆虫の割合が増えると思われる。ただし、上流と比べて植生が貧困であるため、上流ほど多様な生物相にはなりにくいだろう。

③ 下流（勧進橋）

昭和三五年には全く水生昆虫が採集されず、昭和四六年にも一種類しか採集されていなかった。この期間でも、上流や中流に比べ、棲息する種類数は少なかった。ただし、水質はかなりよくなってきたので、これから多くの水生昆虫が棲みつくようになるのではないかとみている。

五 おわりに

これまでの検討から、水生昆虫を指標にして鴨川の水質が場所や時期によって、それぞれ異なった変化をしてきたことを明らかにしてきた。最も大きな変化をしたのが中流であり、ここは多くの人の目に触れるところであることから、鴨川の水質がよくなったと誇張されて認識されているところもあるのかも知れない。

水質の改善に伴って、鴨川の水生昆虫は変化してきた。観光都市である京都では、鴨川の景観はしばしば問題にされるが、水生昆虫はあまり取り上げられてこなかった。水生昆虫が多く棲息していれば水はきれいであり、水鳥もそれを食べにやってくる。清流が流れ水鳥が飛来する河川を、人々はよい景観であると感じるであろう。鴨川の水生昆虫も、美しい景観の実現のためには重要な要素であることを認識しなければならない。

文献

京都府（各年度）『公共用水域及び地下水の水質測定計画並びにその結果』京都府
京都府（各年度）『京都府統計書』京都府
京都府（各年度）『京都府環境白書』京都府
津田松苗（一九七四）『陸水生態学』共立出版
美籏照子（一九九五）『悠久の京の川』合同出版

第三章
鴨川の水質と人々のかかわり

田村千尋

一　はじめに

鴨川は、政令指定都市・京都市の中心部を流れているにもかかわらず、その清流が保たれている稀有な河川である。また同時に、美しい景観を持つ河川としても知られている。このような鴨川の特徴は、過去から現在に到るまでの多くの人々によって形づくられてきたことを忘れてはならない。

そこで本章では、鴨川の水質に焦点をあてて、どのような活動が現在の鴨川の姿に結びついたのかを考察してみたい。

二　近代までの鴨川

良水の都としての京都

京都は三方を山々に囲まれ、鴨川上流域に大きな集落が存在しないために、比較的容易に清澄な河川水を得ることができた。また、市街地が鴨川などの扇状地上に形成されているために、豊富な地下水を得ることが容易であり、近代に入り上水道が建設されるまでは井戸水を生活用水の水源としてきた。京都盆地には、今でも名水といわれる井戸が数多く残されている。写真3-1は、醒ヶ井、縣井とともに京都三名水の一つとされる染井(梨木神社)であり、今でも利用する人が絶えない。

近世末期の風俗などを記した『守貞漫稿』(巻三)では、京都の水利状況に関して以下のように述べられている。「京都ハ、水性清涼万国ニ冠タリ。故ニ、飲食ノ用皆必井水ヲ用テ、然モ河水亦万都ニ甲タリ。鴨河ノ水、衆人ノ所称也」。つまり、京都の井戸水が良水であり、そのために飲用には井戸水を使用するが、鴨川の水もまた優れていたという。当時の京都は、日本有数の大都市であり、平安京造営によって市街地が形成され始めてから既に一〇〇〇年以上が経過していたが、なお「万国ニ冠タリ」と表現されるほどの良水に恵まれていた。近代以前の京都も、良水の都市として認識されていたことは疑いない。

写真 3-1　京都三名水の一つ、染井(梨木神社)

京都の廃棄物処理・排水システム

ではなぜ、京都という大都市を流れる河川がそれほどまでに清涼であったのかを考えてみたい。一般に、都市河川の水質汚濁はそこで生産・排出される汚水や廃棄物の混入によって引き起こされる。この事実は、近代以前でも同じである。そのため、鴨川が良好な水質を保ち得た要因としては、市街地からの汚水や廃棄物が、水質を悪化させるほどには流入しなかったことに求められる。そこで、廃棄物が鴨川にあまり多く流入しなかった理由について、日本の伝統的な生活スタイルと水循環システムから検討してみたい。

まず、日本の一般的な農村についてであるが、そこにおける伝統的な上水の利用法は、以下のようであった。河川水は洗いものなどに使用されたが、飲用目的には井戸水が主に利用された。水を使用した結果として発生する生活排水や廃棄物（風呂排水・洗濯排水など）は敷地内にいったん溜め置いて、その後肥料として農地に撒かれた。生ゴミや大便は、発酵させて肥料とした後、これも農地に撒かれた。このようなシステムが普及していたために、農村では生活排水や廃棄物は河川に直接流されることがなかったのである。

次に、都市である京都ではどうであったのか考えてみよう。京都では、生活用水は前述のように主に井戸から得られ、使用された後に鴨川などの河川に流された。しかし、流されるまでの間に注目すべき施設を経由した。つまり、家の敷地と道路との境界には「下水吸込」あるいは「溜め桝」と呼ばれる素掘りの穴が設けられていて、そこに家からの排水を一定期間溜めておき、沈殿させてから排水溝に流すようになっていた。台所で使用した程度の排水ならば、そこに溜めておいても悪臭や疫病の発生に繋がる危険性は小さく、また固形の有機物をこのように処理しておけば、河川に対する影響もまた小さかった。鴨川には、周辺から地下水が流入することによって良水が維持され、産業排水が少なかった近世までの時代においては、このようなシステムがあることで鴨川の環境悪化は最小限に抑えられた。ただし、都市において悪臭の原因となり、河川水を劣化させる要因となったのは屎尿であった。屎尿は前述の農村と同様に商品価値のある肥料として、農民によって野菜などと交換することで汲み取られ近隣の農村へ運ばれていた。この様子は、『都繁盛記』に以下のように記されている。「山城一州ノ稼穡、概テ此糞培ニ出ヅ。伏見左右ノ村民ノ如キハ、京ヲ距ルコト稍遠シ。屎尿ヲ搬スル者毎ニ之ヲ高瀬川船漕ノ歸棹ニ托ス」。つまり、山城国の農業は京都から供給される下肥によって養われているが、伏見近辺は京都からやや遠いため、屎尿を運ぶのは高瀬川の水運によっていたことなどがわかるのである。このように、京都では糞尿は郊外の農村に排出されていたのである。

京都では、地下水が良質で豊富であったことに加え、鴨川上流から常に清涼な河川水が供給され、廃棄物を洗い流す役割を果たしていた。近世までの鴨川の清流は、このような屎尿処理と豊富で良好な水文環境および水循環システムに支えられてきた。

三　近代以降の鴨川

上水道の建設と鴨川の水質悪化

これまでみてきたように、地下水に恵まれた京都では井戸水が人々の生活用水として利用されてきた。このような京都の水利用システムが大きく変化したのは、琵琶湖疏水の完成以降になってからである。明治二三（一八九〇）年に完成した琵琶湖疏水は、水力発電および工業用水として京都の工業化などに大きく貢献した。そして、明治四五（一九一二）年に第二疏水が完成し、京都の近代上水道の歴史が始まった。

井戸水を使い続けてきた京都で上水道が普及するまでには、かなりの時間を要した。上水道は、利用する料金がかかる上に井戸水に比べて味が劣るため、京都の人々には容易に受け入れられなかった。しかし、衛生上の観点から上水道が普及するようになると、井戸水の利用は徐々に減少していった。近代以降になると、人口増加のために京都市街地が面積的にも拡大し、上水道の使用量も増加することになり、それに伴って京都市街地からの排水も増加していった。

前述したように、京都における近代以前の排水は、溜め桝に一度溜めておき、沈殿させてから溝に流す方法を採っていた。しかし、近代以降になると排水が増加するだけでなく、溜め桝が埋め立てられるなどして、より多くの生活排水が鴨川へ流出するようになった。これに加えて、染色などの産業廃水も流出しただめに鴨川の水質は次第に悪化していった。

下水道の整備

河川水質の悪化を解消するために、下水道の建設に着工したのは昭和五（一九三〇）年で、下水処理場が運用を開始したのはその四年後であった。下水道整備の計画は明治二七（一八九四）年からあったが、着工は大幅に遅れた。京都市の下水処理施設は、東京には約半世紀、大阪にも三〇年遅れて完成した。この理由として、京都では前述のような水利用システムが機能して水質汚濁から免れていたこと、鴨川の水質のよさと豊かな水量に依存することができたことなどがあった。第二次世界大戦による中断や京都独自の条件（遺跡が発見されると発掘調査のために工事が滞る）もあって、京都市街地の下水道整備がほぼ完了したのは当初の計画から一〇〇年もたった平成六（一九九四）年となった。

このように、京都市の下水道整備は、ほかの大都市に比較して遅れたが、それでも第二次世界大戦後しばらくするまでは、水質悪化はそれほど表面化しなかった。しかし、高度経済成長期を迎え、工業が急激に発展し市街地が急拡大すると、河川の水質は目にみえて悪化していった。こうして、京都の水環境保全のために、新たな下水道というシステムの整備に頼らざるを得なくなったのである。

京都市の河川のBOD値の変化

この時期の河川水質の悪化は、BOD値の変化でわかる。その図は、第二章にも掲載されているために本章では省略するが、昭和三八（一九六三）年からBOD値はすでに高い値を示しており、高度経済成長期を通じて上昇を続けた。国の「生活環境の保全に関する環境基準」では、沿岸の散歩など日常生活において不快感を生じない程度の基準は、BOD値一〇mg／ℓとされている。この基準からすると、BOD値三〇mg／ℓ近くに達していた当時の鴨川は、鼻をつまむような汚れ川となってしまっていた。

この水質悪化は、都市域からの排水が鴨川へ流入したことによってもたらされたものであることが明らかであるため、効果的な対策は規制も含めて排水量を抑制することと排水そのものを浄化することである。このため、京都市は下水道の整備を行い、人々は廃棄物を抑制し環境浄化にむけて努力した。

この取り組みの結果、鴨川の水質は大幅に改善された。平成一六（二〇〇四）年には、鴨川のBOD値はピーク時の二〇分の一程度まで減少し、清流としての面目を保てるようになった。現在の鴨川の清流は、古くからずっと維持されてきたものではなく、最近になって大きな変化を経て実現されたことを知っておかねばならない。

人々の活動

河川の水質汚濁にとって、下水道の整備が万全の対策ではない。下水道による処理には、限界があることは確かである。前述のように、河川の水質の改善と維持のためには、河川の流域において排水を出す側である住民の協力と努力が必要であることはいうまでもない。鴨川の周辺には、そうした活動を行っている市民による団体も存在している。その代表的なものに「鴨川を美しくする会」がある。この会は、昭和三九（一九六四）年に結成され、年四回以上の「鴨川クリーンハイク」などの美化活動と共に、「鴨川納涼」「鴨川茶店」「野鳥観察会」「水質・昆虫の実態調査」などのイベントを通した啓発運動を行って実績をあげてきた。

このほかにも、「第三回世界水フォーラム」（平成一五（二〇〇三）年に京都で開催）に合わせて結成された「子どもと川とまちのフォーラム」や、「京の水を語る座談会」などを開催している「カッパ研究会」（平成一三（二〇〇一）年設立）などの団体が存在し、その数は増加傾向にあるという。これらの活動を通して、人々が汚染物質をださないようにすることも重要なことである。

四　おわりに

京都ではこれまで身近に存在したきれいな鴨川や地下水は、近代以降になって上水道が普及したり、伝統的な水利用システムが崩壊したことに伴って、身近な存在ではなくなった。無秩序な排水の増加は、鴨川の水質を急激に悪化させ、高度経済成長期には平安京造営時以降で最悪の水質汚濁を招いた。しかし、その後の下水道の普及や環境に対する人々の意識の高まりによって、現在では鴨川の水質は大きく改善され、鴨川は清流を取り戻した。つまり、河川水や地下水を身近な存在に近づける努力がされてきたのである。しかし、少し前の時期には魚も棲めない状態であったことを、忘れてはならないだろう。それと同時に鴨川は、周辺の人々や京都を訪れる観光客だけのものではなく、大阪府など下流域も含めた広い地域全体にとっても重要だという認識に立つことも必要となろう。

文献

有薗正一郎（二〇〇一）「肥桶がとりもつ都市と近郊農村との縁」吉越昭久編『人間活動と環境変化』古今書院所収
石井勲・山田國廣（一九九五）『下水道革命―河川荒廃からの脱出―（改訂二版）』藤原書店
小野芳郎（二〇〇一）『水の環境史―「京の名水」はなぜ失なわれたか―』PHP新書
喜多川守貞（一八五三）『守貞漫稿』（『類聚近世風俗志』一九〇八、国学院大学出版部）
中島棕隠（一八三八）『都繁盛記』（中島棕隠著・新稲法子訓註（一九九九）『都繁昌記註解』太平書屋）
日本下水文化研究会糞尿研究分科会編（二〇〇三）『トイレ考・糞尿考』技報堂出版
農山漁村文化協会編（二〇〇二）『江戸時代にみる日本型環境保全の源流』農山漁村文化協会

第四章　鴨川の生物環境

樽野　元

一　はじめに

本章では、生物学的指標を用いて鴨川の河川生態系を明らかにすると共に、鴨川のハビタット（棲息地）の質について検討する。また、その結果を、同じ淀川水系の小規模河川である天野川と比較することで、鴨川の生物環境の特徴をより鮮明にしてみたい。

鴨川の概観については、多くの執筆者が様々な角度から述べているためにここでは省略するが、天野川については、以下にごく簡潔に述べておきたい。天野川は、奈良県生駒市の生駒山系に源を発し、大阪府交野市・枚方市域を北流し、枚方市役所の西北約一㎞付近で淀川に合流する、延長約一五㎞、流域面積約五一㎢の小規模河川である。鴨川・天野川を含む淀川水系の概要と調査地点図を図4-1に示した。鴨川は南流するのに対して天野川は北流するという流れる方向に違いがあるものの、共に淀川水系にあって平野部では市街地の中を流れるなど、流域の地形や土地利用が類似していることから、比較する対象としては適当であろう。なお、図4-1の中で鴨川および天野川に示した＊印は、調査地点である。

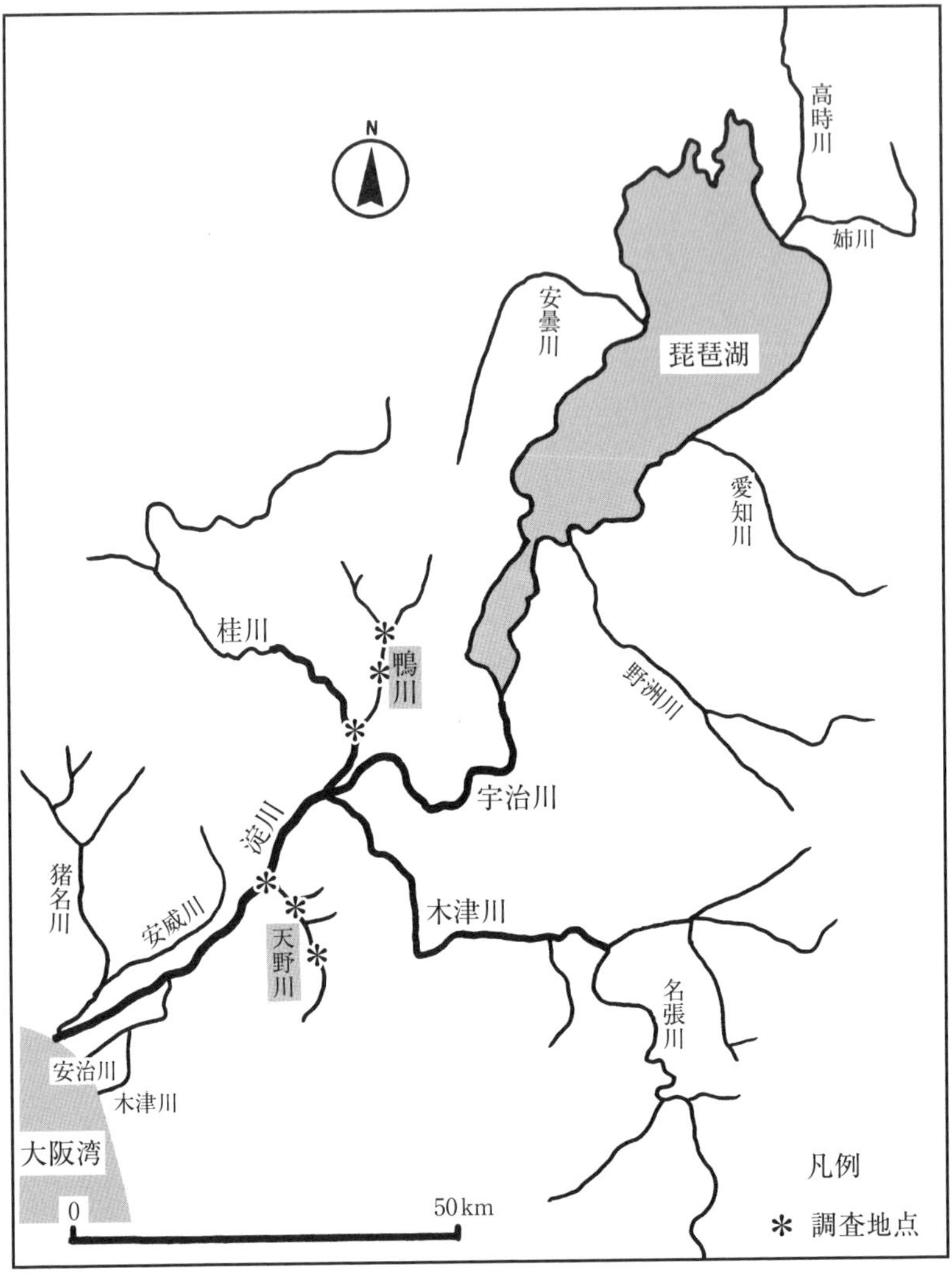

図 4-1　淀川水系の概要と調査地点図

二　研究の方法

河川生態系ならびにハビタットの質（河川水質・流量・流速・水温・水深・河床状況・河川敷の土地利用・植生など）を判定する基準として、本章では各ハビタットにおいて典型的にみられる「指標生物」の棲息状況を用いた。この方法は、生物学的指標を用いた河川環境の判定法といわれている。一般的に、河川の水質や流量のような時間単位・日単位で変化する物理的・化学的環境指標に対して、生物学的指標は年単位、あるいはもっと長期間で変化する事象をとらえるのに適するとされる。本章では、この生物学的指標を用いて、比較的長期間の生物環境をとらえることとする。

ところで、河川における指標生物として一般に以下のような分類がされている。水質階級Ⅰ（貧腐水性）できれいな水には、ヒラタカゲロウ・カワゲラ・サワガニ・ヨコエビなどの底生生物とイワナ・ヤマメ・カジカなどの魚類が、水質階級Ⅱ（弱中腐水性）で少し汚れた水には、コガタシマトビゲラ・ヒラタドロムシ・マルタニシ・ヌマエビなどの底生生物とウグイ・タナゴ・ヨシノボリなどの魚類が、水質階級Ⅲ（強中腐水性）のきたない水には、ミズムシ・ヒメタニシなどの底生生物とフナ・コイ・タモロコなどの魚類が、水質階級Ⅳ（強腐水性）の大変きたない水には、イトミミズ・赤色ユスリカ・サカマキガイなどの底生生物などがそれぞれ棲む。

このように、河川に棲息する生物の種は、その河川の水質や水深、流速といった環境指標によって異なる。それに特に強い影響を及ぼすのが水中の溶存酸素の量であり、それは主に河川の水質と水温によって決定される。水温が高ければ溶存酸素量は少なくなり、また水中の有機養分の多いいわゆる汚れた水では、細菌等によって酸素が消費されるために溶存酸素量は少なくなる。溶存酸素量が少ない河川においては、少ない酸素量に対応できる生物しか棲息しない。そのために、河川水質と棲息する生物種との間には、前述のような対応関係が確認できる。

このことから、本章では河川の棲息種をみることで河川環境の状態を推測することができる、という考え方をした。ここで対象とする鴨川と天野川は共に河川延長が短く、上流から下流までの調査地点で標高差があまり大きくないことから水温差が小さいと考え、両河川の棲息種の違いは主に溶存酸素量、即ち河川の汚れ具合と強く関係していると見做した。

そこで、両河川の上流・中流・下流の三調査地点において生物の採集を実施し、確認された生物種と数量から水質階級に基づいて水域の棲息環境を判定した。調査を実施したのは平成一六（二〇〇四）年八月で、生物の採集と同時に採集地点の水深や流量、護岸の状況などの確認と昆虫類の確認・採集も行い、流水部分だけでなく河川敷を含めた河川全体のハビタットの質についても判定した。

三　上流調査地点の特徴

鴨川の上流調査地点は、賀茂川と高野川の合流点とした。ここは京阪電鉄出町柳駅の近くで周辺は市街地となっているが、北には下鴨神社の糺の森が広がっており、全面的に都市的土地利用の地域で囲まれている訳ではない。ここではアユ・カワゲラ・オイカワなどを確認した。従って、この地点の水質階級は貧腐水性もしくは弱中腐水性に該当する比較的良好なものであるといえる。この地点付近の河川敷は広く、そこでバッタ・モンシロチョウ・ハチ・コオロギ・クモなど多くの昆虫を確認することができた。

天野川の上流調査地点は、磐船渓谷の北端付近とした。この周辺には森林が多いが、そこからさらに上流に遡ると起伏の小さな台地状の地形が広がり、大規模住宅団地が開発されている。この上流調査地点では、アユ・カワゲラ・オイカワなどのほか、サワガニを確認した。ここも鴨川同様、貧腐水性もしくは弱中腐水性に該当する比較的良好な水質が保たれている。この地点は渓谷に位置しているため、河川敷は狭く岩場が多いことから植生は発達していなかった。ここではトンボやカなどの昆虫を確認した。

概ね、両調査地点間の生物種に関する違いは小さく、共に比較的良好な河川環境に棲息する種を多く確認した。護岸の状況やゴミの有無などの目視調査の結果も比較的良好であり、両河川とも生物の棲息に適した環境にある。

四　中流調査地点の特徴

鴨川の中流調査地点は、上流調査地点から約三km下流にある四条大橋周辺に設定した。四条大橋は、四条河原町と祇園を結ぶ橋であり、京都最大の繁華街に位置していて周辺は都市的土地利用が卓越する。地形的には、鴨川扇状地の扇央付近にあたる。この付近の鴨川は改修工事が実施され護岸はコンクリートもしくは石積みで固められ、植生はあまりみられない。ここで確認した生物種は上流調査地点と大差なかったが、汚水域にも棲息できるフナやヒルが確認されたという違いがあった。ただし、良好な水質の指標生物であるカワゲラが確認されているため、水質階級は上流調査地点と同様に貧腐水性ないし弱中腐水性に該当する比較的良好なものであった。また、河川敷が狭く護岸がコンクリートや石垣で固定されているため、河川敷における生物は確認されず採集もできなかった。この地点の生物の棲息環境は必ずしも良好とはいえないが、水質については上流調査地点と比較してそれほど悪化していない。

天野川の中流調査地点は、上流調査地点から約六km下流で、交野市と枚方市の境界に位置する松塚・釈尊寺とした。この地点付近は低い丘陵地を成していて、多くの住宅団地が開発されている。都市的土地利用が卓越しているものの農地も点在しており、河川敷や護岸の植生も比較的豊富である。採集生物に関しては、上流調査地点でみられたアユ・カワゲラがみられなくなり、それに代わってフナ・コイ・ハゼ・ヒル・ナマズなどが確認された。これらの種は、アユ・カワゲラに比べて汚濁した水質でも棲息が可能である。良好な水質の指標生物であるカワゲラが確認できなかったことは、上流調査地点より水質が悪化している証拠とみてよい。このため、水

表4-1　鴨川・天野川の中流調査地点における調査結果

調査地点	鴨川（四条大橋付近）	天野川（松塚・釈尊寺）
調査時点と天気	平成16（2004）年8月・晴	平成16（2004）年8月・晴
流水部分の幅（m） 調査地点の水深（cm）	15m 20cm	6m 30cm
目視での河川流速	やや速い	比較的遅い
河床の状態	礫が多い ゴミはない 河床がみえる	砂に覆われている ゴミはない 河床がみえる
河川構造	コンクリート石積み	自然型
目視での水量・水質	少ない・きれい	多い・きれい
採取した生物	アユ・オイカワ・フナ・カワゲラ・トビケラ・ヤゴ・ヒル	フナ・コイ・ハゼ・メダカ・カエル・水カマキリ・ゲンゴロウ・タイコウチ・ヤゴ・カメ・ヒル・ナマズ

質階級では、弱中腐水性に該当する。ただ、河川敷においては、バッタ・モンシロチョウ・キリギリス・コオロギ・カなど、多くの昆虫を確認することができた。

両河川とも、上流調査地点に比べて水質の悪化がみられるが、水質に関していえば鴨川の方が、河川敷まで含めた生物の棲息環境に関していえば天野川の方が良好と考えてよいだろう。なお、その調査結果を表4－1に示した（上流調査地点・下流調査地点についても中流調査地点と同様の表を作成しているが、紙幅の制約上省略した）。

五　下流調査地点の特徴

鴨川の下流調査地点は、中流調査地点から約八㎞下流の桂川との合流点付近とした。その周辺は都市的土地利用が主体となるが、都心部に位置していた中流調査地点付近ほどは建造物が密集していない。河川敷も、石積みやコンクリート護岸で覆われておらず、土が多くみられる。水域の生物では、フナ・オイカワ・コイ・ヒルなどが確認され、上流調査地点でみられたアユやカワゲラは確認されなかった。このため、この地点における水質階級は弱中腐水性に該当すると考えられ、上・中流に比較してハビタットの質の悪化がみられる。ただし、調査地点付近の河川敷が公園となっていて、コンクリート護岸ではないこともあり、そこでの昆虫は相当数が確認された。構成種については上・中流と大差なかった。

天野川の下流調査地点は、中流調査地点の約八㎞下流の淀川との合流地点付近とした。その周辺は枚方市の中心部にあたり、都市的土地利用となっている。また、護岸はコンクリートと石積みで固められており、典型的な都市河川の様相を呈している。この付近の水質は目視しても悪化しており、シマイシビル・タニシ・アメリカザリガニなど、汚水を好む生物種が確認された。水質階級は強中腐水性であると判断できる。河川敷も、低水敷から高さにして五m程度の護岸はコンクリートによって舗装されており、生物の棲息に適した環境とはいえない。

このように、下流調査地点において、両河川を比較してみると、天野川では生物環境の悪化がみられるのに対して、鴨川の環境悪化はそれほどではないことがわかった。

六　おわりに

本章では、鴨川の河川生態系を明らかにすると共に、鴨川のハビタット（棲息地）の質について、天野川との比較を通して検討してきた。その結果、鴨川の河川生態系および水質環境は、上流調査地点においては、周囲が都市的土地利用であるにもかかわらず良好であり、水域においても河川敷においても豊富な生物層が確認できた。中流調査地点の四条大橋付近では、都心部にあるため河川敷の生態系は大きく損なわれていたものの、水域の生態系は上流と大差なく、比較的良好な水質が保たれていた。下流調査地点の桂川との合流点付近においては、水質は悪化しているものの都市的土地利用が卓越する中流調査地点に比べて悪化の程度がさほどでなかったためか、河川敷を含めた生物層は豊富であった。

一方、鴨川と同じ淀川水系に属し、流域に市街地を有する点で鴨川と類似する天野川では、上流調査地点は生物種および水質共に鴨川と類似していたが、下流に行くに従って急激に水質が悪化し、河川生態系も貧弱になっていた。
これらの結果から考察すると、鴨川は都市河川であるが下流まで良好な河川生態系と水質環境が維持されていると判断することができるだろう。鴨川の環境全体を考える場合、このことはほかの河川と比較しても極めて特異な特徴として認識しておく必要があろう。

文献

川名国男・市田則孝（一九七六）『河川の生物観察ハンドブック―河川の生態学入門―』東洋館出版社
森下郁子（一九七八）『生物からみた日本の河川』山海堂

第五章
鴨川上流域の人々と環境への取り組み

佐藤龍司

一　はじめに

鴨川が一般的に持たれているイメージは、古都京都を流れる山紫水明の歴史的河川といったところであろうか。現在の鴨川は、そのイメージ通りの美しい河川といえるだろう。しかし、こうした鴨川のイメージを支えてきたのは、多くの人々が目にする中流域における水質や景観だけではないのである。河川の水は、当たり前のことではあるが上流から下流に流れる。従って、中流域の水質を維持するためには、上流域における取り組みが重要な意味を持つことになるのはいうまでもない。

鴨川の上流域は北山山地であり、そこを訪れる人もそう多くはないために、その地域のことはあまり知られていない。しかし、上流域が鴨川全体の美しさの源となっていることを考慮すれば、今そこで何が起こっているのかを明らかにしておくことは非常に重要である。

そこで、鴨川上流域に対象を絞り、その地域の人々が水とかかわってどのような取り組みを行っているのかについて明らかにしてみたい。具体的には、鴨川の本流にあたる祖父谷川・雲ヶ畑岩屋川（北区雲ヶ畑）・鞍馬川・貴船川（左京区鞍馬）・静原川（左京区静市）の流域を対象とした（図5－1）。

二　対象地域の概要

雲ヶ畑

雲ヶ畑は京都市北区に位置し、出谷町・中畑町・中津川町から構成される。平安京造営の際に用材を供給して以降、大内裏修理職の領地となり、明治維新まで大嘗祭に宮木を献上するなど、この地域では古くから林業が盛んであった。また、雲ヶ畑は、近世まで主殿寮・仙洞御料として「菖蒲役」を務めただけでなく、薪炭や鮎などを朝廷に献上する供御人が活動した地でもあり、祖父谷峠を越えて丹波と京都を結ぶ交通の要衝でもあった。平成一五（二〇〇三）年の世帯数は八九戸、人口は二四二人であった。

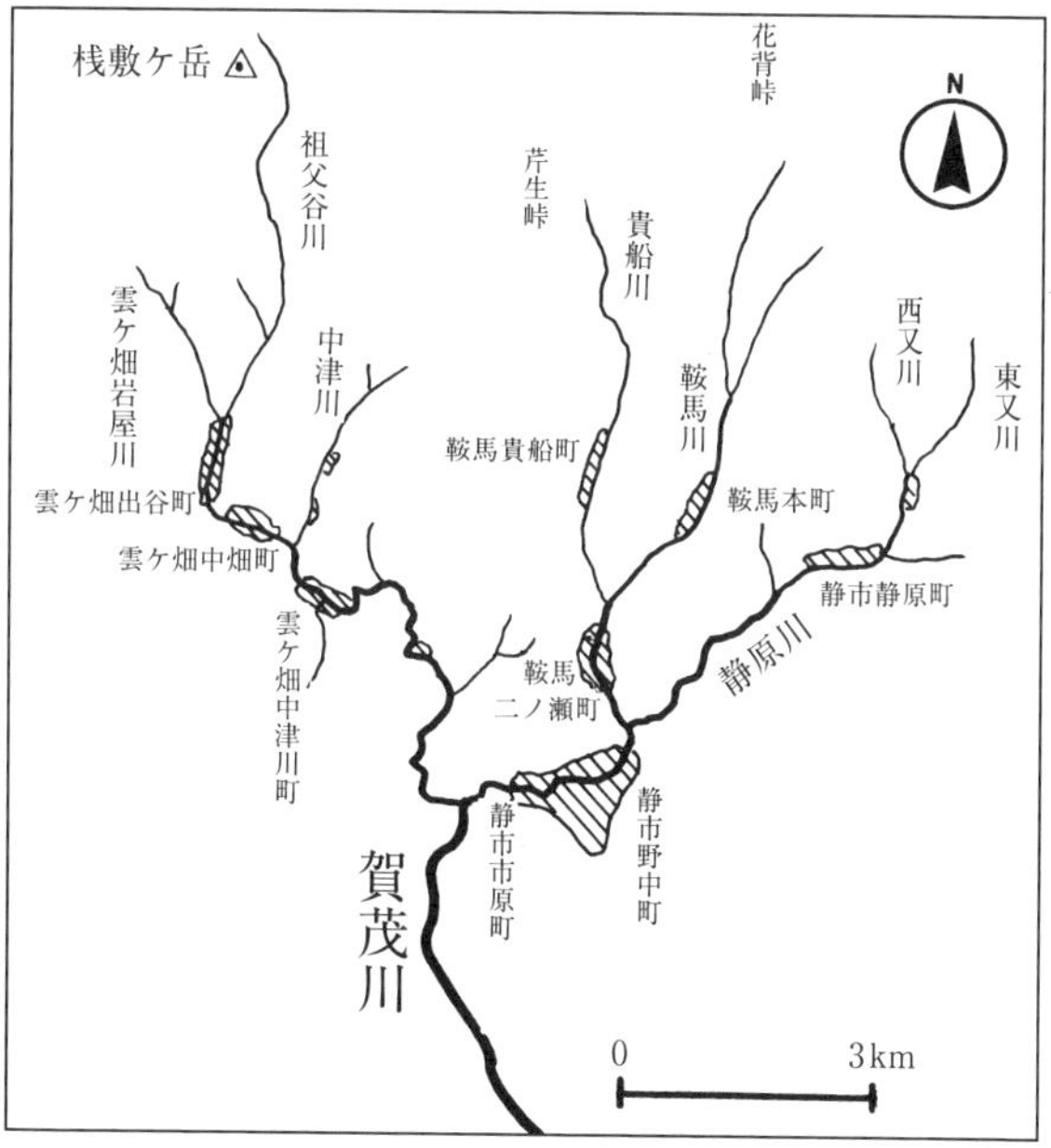

図5-1　対象地域の概観図

鞍馬

鞍馬は京都市左京区の静市市原町の北に位置し、本町・貴船町・二ノ瀬町より構成される。古くから若狭からの海産物、北山や丹波からの薪炭材が集まる若狭街道の要衝として栄えた歴史と文化の里である。ここには、鞍馬寺・由岐神社・貴船神社など、著名な社寺がある。貴船町も、芹生峠を越えて丹波と京都を結ぶ丹波路の要衝にあり、北山山地で産する炭の集荷中継地であった。現在、貴船町は貴船川の川面に床を設置し、料理を供する川床料理で有名であり、「京都の奥座敷」とも呼ばれている。平成一五（二〇〇三）年の世帯数は二六三戸、人口は七七四人であった。

静市

静市は京都市左京区に位置し、静原町・野中町・市原町から構成されている。野中町と市原町を合わせて市原野ともいわれることがある。静原町は、市原町より北東三kmにある山間集落でほかの二つの町から離れているため、自治に関しても「市原野と静原」として区分されることが多い。静原町では、現在でも農業が比較的盛んである。市原町は京都の市街地に近接しているために、住宅地開発が進み人口が増えてきた。平成一五（二〇〇三）年の世帯数は二二七九戸、人口は五七三五人であった。

三　生活と河川のかかわり

生活用水

まず、河川水と普段の生活とのかかわりを明らかにするために、各地域における生活用水の取水方法とその変遷をみよう。

鴨川上流域は山間部に位置しており、しかも京都の中心部から距離があるため、上水道の整備は市街地に比較すると大きく遅れた地域となった。昭和時代の後期になっても、静原川流域にある市原町、野中町（東野中町を除く）以外には上水道が整備されていなかった。従って、上水道が整備されなかった地域では、飲料水として利用する水は、井戸水と河川水から得ていた。洗濯用・風呂用・農業用・その他の作業用を含む生活用水の大半も、河川から取水していた。静原川にはかつて七基の水車が稼動して、線香に練りこむ杉葉をすり潰したり、精米するなどの用途に利用されていた。多くの地域では河川水を飲料用にしたことからもわかるように、河川の水質は非常によく、河川と人々の生活は密着していたといえる。

しかし現在では、河川水は農業用水以外には生活用水として用いられることはほとんどなくなった。台所や風呂で洗剤を使用するようになって以降、河川にそれが流入し水質が悪くなったという認識が広がったためである。また、平成一一（一九九九）年に静原簡易水道、平成一五（二〇〇三）年に雲ヶ畑簡易水道、平成一六（二〇〇四）年に鞍馬貴船簡易水道による上水道の供給が開始され、対象地域の全域において水道が利用できるようになった。現在でも一部で河川水や井戸水が生活用水として利用されているが、以前と比べて河川と人間の関係が希薄になったのは明らかである。

生活排水と下水道

河川の水質を低下させる原因の一つとして、生活排水があげられる。昭和時代の初期には対象地域の全域で下水道は設置されておらず、住民は生活排水を直接河川に流していた。ただし、屎尿は汲み取られ肥料として利用され、洗剤も使われることがなかったために、河川が汚染されるほどの排出量にはならなかった。しかし、洗剤が使用され始めるようになって、各河川で汚染が起こるようになった。

その後、平成一一（一九九九）年になって、市原町・東野中町を除く野中町において下水道が設置された。この地域で下水道が利用できるようになったのは、左京区静市市原町に京都市東北部クリーンセンターが建設されたことによる。東北部クリーンセンターはゴミ処理施設であり、排水はここから京都市街地南部の鳥羽下水処理場に下水道を通して送られた。この結果、生活排水の流入によって汚染されていた河川の水質は蛍が舞うほどまでに回復した。しかし、一部の地域では、未だに下水道は整備されていない。屎尿は取り除かれているものの、生活排水は河川に流入しているのが現状である。ほかにも、一部の家庭では浄化槽を設置したり、多くの農家では農薬使用を控えたりして、河川に流入する汚染物質を減少させる努力がなされている。

各地域の上・下水道

静原町は、農業が盛んであるため農業集落排水事業として下水処理場の設置に取り組んだ。農業集落排水事業とは、農林水産省が下水処理場設置費用をある程度負担する代わりに、節約された資金を農業に充てる事業である。静原と鞍馬には、北部地域特定環境保全公共下水道が完成し、排水処理は前述のように鳥羽下水処理場に送られて行われるようになった。

雲ヶ畑に関しては、下水道の設置の予定は今のところ立ってない。雲ヶ畑は下水道整備区域から遠く、設置費用が高くなるためである。京都市では、まず本対象地域のさらに北部にある花脊などの上水道未整備地域に上水道を整備した後、下水道を整備していくことを予定しているという。京都市は、安全で便利な上水道の設置を優先し、平成一五（二〇〇三）年に、ここに深井戸を水源とし、圧力式急速濾過によって処理する上水道を造った。

四　河川の清浄化に対する住民の取り組み

京都市内の河川水質について、京都市環境局は毎年調査を行っている。平成一六（二〇〇四）年における鴨川上流の諸河川のBOD値の環境基準の類型はA、市保全基準の類型はAAであった。これは、これらの河川では基本的に水質が良好であることを示している。しかし、前述のように各家庭から排出される水、農地からの排水のほか、来訪者によるゴミのポイ捨てや平成一〇（一九九八）年の特定家庭用機器再商品化法（通称、家電リサイクル法）施行以降の家電製品の不法投棄が目立つようになって、住民は水質の改善だけでなく、ゴミの投棄防止にも取り組まねばならなくなった。

洛北自治連合会（静原自治振興会・市原野自治振興会・鞍馬自治振興会・雲ヶ畑自治振興会が所属）は、毎年七月終わり頃から九月にかけてクリーンキャンペーンを開催し、各自治振興会がそれぞれの町の道路や川のゴミを一日かけて掃除している。毎年の参加者は、雲ヶ畑で約五〇名、鞍馬で約二〇〇名、静原町で約二〇〇名、市原町と野中町では約一〇〇〇名となる大規模な取り組みになっている。

雲ヶ畑には、惟喬《これたか》親王にかかわる名所があるだけでなく、山歩きに適する山地に近いことから観光客やハイカーが多く訪れ、ゴミのポイ捨てが目立つようになった。このため、クリーンキャンペーンのほかにも、「鴨川を美しくする会」などのボランティアグループが清掃を行うことがある。また、農業協同組合が各家庭に廃油石鹸を配り、河川の汚染を防いでいる。こうした取り組みが行われる一方、雲ヶ畑には第一章でも取り上げられたように民間の産業廃棄物処理施設が造られ、住民達は河川への影響を懸念しているという。

鞍馬では下水道の整備が十分ではないため、個人的に浄化槽を設置したり、中性洗剤や米糠を使用しないなど様々な工夫をしている。貴船では、川床料理が重要な産業となっているために、河川への配慮がより積極的に行われている。具体的には、各店には排水の注意事項を書いた紙が配布され、竹箒を用いた落ち葉などの清掃を行っている。また、年に四回であるが貴船若中という青年団組織が清掃を行っているし、クリーンキャンペーンを含め年に三回は貴船町全域の掃除も実施している。また貴船は、「環境美化特別地域」に指定されていて、一回の掃除でだすゴミは三〇袋以下に抑えられている。それでも、貴船川上流域など住民の目につかないような場所には、ゴミの投棄があるという。

静原町では、毎年五月三日に静原神社祭礼が行われる。この祭事では、河川を清澄なものとして扱っているために、祭り直前の四月の最終日曜日には、住民によって河川掃除が行われている。このような定まった掃除はクリーンキャンペーンとあわせて年に二回だけであるが、時々個人的に川の掃除をする人もあるという。ゴミが静原川流域、特にその上流のキャンプ場付近に投棄されることが多く、自転車やタイヤなどの不法投棄も目立つ。さらに、業者などが廃材を持ち込み放置するために、その影響を住民は懸念している。

市原野では、年に一回、クリーンキャンペーンとして掃除を行っている。この地域には、下水道が整備されているため、河川の水質は良好である。このため、河川への排水は農業に限られる。

このように、この地域ではゴミをめぐる問題が起こっているために、様々な取り組みを行っている。この地域は、鴨川の水源地域であるために特に気を配った管理をしないと、中流域や下流域でのよい環境を維持することができないことになる。地域・行政・ボランティアなどの継続的な取り組みに期待したい。

五　おわりに

かつては、どの地域においても生活用水として河川水を利用していたが、上水道が普及し、河川水が汚染されてくると、人々と河川とのかかわりが希薄になっていった。しかし、各地域では地域の水を守ろうという動きが活発になり、これまでとは異なった新しい形で河川とかかわり始める動きがみられるようになってきた。現在、鴨川の上流域でも上水道や下水道が整備されるようになってきていて、これまでと違った変化が起きつつある。河川の水質を良好な状態に保つために、住民は新しい取り組みを始めるようになった。勿論、現在でもゴミのポイ捨て、家電などの不法投棄、産業廃棄物処理施設の設置、業者による廃材の持ち込みなど多くの問題が山積している。鴨川の上流域は、中流域・下流域の水質環境を保つためには、非常に重要な地域である。あまりよく知られていない上流において今何が起こっているのかを正しく認識し、どのような取り組みが必要なのかを再確認することは重要なことであろう。

文献
京都市環境局環境政策部環境指導課（二〇〇四）『平成一五年度版公共用水域及び地下水の水質測定結果』京都市

国土問題研究会（一九九九）「京都市市原野清掃工場建設計画に伴う地域防災総合調査報告書」国土問題五八
清水満郎編（二〇〇三）『週刊日本の街道（五二）京都・賀茂街道』講談社
鈴木康久・大滝裕一・平野圭祐編（二〇〇三）『もっと知りたい　水の都　京都』人文書院
平野圭祐（二〇〇三）『京都　水ものがたり─平安京一二〇〇年を歩く─』淡交社
藤田昭治（一九九五）「京都市北区雲ケ畑における小地域集団と村落構造の変容」京都地域研究一〇
松岡健（一九九二）「村落の境界とその空間構造に関する一考察─京都市北区雲ケ畑を事例として─」立命館地理学四

第二部　鴨川の治水

第六章　平安時代の鴨川治水

志野岳紘

一　はじめに

京都市街地の東部を流れる鴨川は、かつては「暴れ川」と呼ばれ、流域に多大な洪水被害をもたらしてきた。そのために、平安時代の初期には防鴨河使《ぼうかし》という役職が置かれ、被害にあった鴨川堤防を修復するなどの任にあたった。鴨川治水は、京都では極めて重要な関心事であった。

本章では、これまでの研究や平安時代に書かれた日記・記録などの文献史料をもとにして、鴨川の洪水の実態と、防鴨河使を中心とした治水対策を明らかにしてみたい。また、それと同時に、当時の人々、特に支配者達の鴨川に対する意識の違いについても考えてみることとする。

二　鴨川の洪水の実態とその原因

洪水被害の時期的変化とその諸要因

平安時代における鴨川の洪水について、時期ごとにその特徴や変化について明らかにしている研究成果は多くはない。そこで本章では、政治史的に平安時代を三時期（律令期・摂関期・院政期）に分けて洪水の被害をとらえてみたい。

平安時代における洪水について考察した勝山清次（表6－1）によると、三時期を通じて史料から求めた大雨の件数（B）はそれほど変わらないものの、時期が新しくなるにつれて鴨川洪水件数（C）が多くなり、その結果、洪水頻度（A／C）は概略的にみて四年弱に一回から二年半に一回へ増加したとしている。また大雨があった場合に、洪水になる割合を示す鴨川の洪水化率（C／B）も上昇しているのがわかる。

律令期の天安年間（八五七～八五八年）から鴨川の洪水件数が増加していったが、その原因として、市街地が拡大して鴨川に近接していったことや、堤付近の開墾に伴って堤が脆弱化したことなど人為的な要因があった。

摂関期に入る頃には、洪水に関する史料が増加するようになった。この原因には、洪水頻度が高くなり、鴨川の洪水防止についての意識の高まりがあった。

表6-1　平安時代における鴨川の洪水

時期（西暦）		年数（A）	大雨の件数（B）	鴨川洪水件数（C）	洪水頻度（A/C）	鴨川の洪水化率（C/B）
律令期	794 － 900	107	112	29	3.69	0.26
摂関期	901 － 1067	167	121	49	3.41	0.40
院政期	1068 － 1184	117	115	50	2.34	0.43

勝山清次（1987）を一部修正

一方で、財政の窮乏により、国家的な河川の洪水防止（防河）が困難となり、防河事業に関する負担が地方諸国に課せられるようになった。それは五畿内及び近江・丹波だけにとどまらず美濃や山陰道の諸国にまで及んだ。

院政期にはこの事態はより深刻になっていったが、その大きな理由として国家としての防河事業の放棄があげられる。白河上皇が意の如くならざるものとして、鴨川の水・双六の賽・山法師という、いわゆる「天下三不如意」をあげたことは有名な話であるが、そこからも読み取れるように、鴨川に対する防河意識が低下していった。天皇の御願寺であった六勝寺（鴨川の東岸にあった「勝」の字を含む六寺院）などを洪水から守るために、鴨川の河床を掘って洪水を防ぐ工事などが行われたが、効果は少なかった。

河原の耕作と堤

九世紀前半から、鴨川の堤近辺の河原では、鴨川の水などを利用して口分田や墾田の開墾が進んだ。このように鴨川から引水するという行為が堤を脆弱化させたという理由から、貞観一三（八七一）年と寛平五（八九三）年には河原での耕作が禁止された。しかし、寛平八（八九六）年には鴨川にある東西の水陸田の二二町余りと、昌泰四（九〇一）年には鴨川の西にある崇神院領の五町が、それぞれ被害がないという理由から耕作が認められ、これ以降、河原の耕地化が進行するようになった。また、それに伴い河原には人家も建ち始めるようになった。

既に九世紀から、京極には京極寺・河原院・崇神院などの寺院が建てられていたが、一〇世紀以降になると、河原に法興院・法成院・東北院などの寺院のほかに貴族の邸宅も建立され始め、一一世紀初めには、権門勢家による河原の領域支配も進行していった。この間にも、鴨川の洪水は繰り返し発生し、堤の修復も行われたが、一二世紀中葉にはその防河意識も低下していった。こうして、一二世紀後半以降、鴨川には堤がない危うい時代を迎えたのである。

三　文献史料からみる鴨川洪水

『日本三代実録』や『本朝世紀』などの史料には、鴨川の洪水に関する記録が比較的多く収められており、また慶滋保胤《よししげのやすたね》の『池亭記』には、一〇世紀後半頃における平安京の様子が記されている。そこで、そのいくつかの事例について概要を記しながら紹介してみよう。


『日本三代実録』

貞観二（八六〇）年九月一五日：京都の東西の河川（鴨川と桂川）では洪水が発生した。

貞観四（八六二）年四月　二日：河水が溢れ、通行に難儀した。

貞観九（八六七）年五月　四日：洪水のため、通行が難しくなった。

仁和三（八八七）年八月二〇日：鴨川・桂川が溢れ、人馬の通行ができないようになった。


『本朝世紀』

康治元（一一四二）年六月一八日：防河の事近年絶えて久しく修復がない。京都の貴賤悉《ことごと》く京外の鴨川の東に勝手に居宅を作り、堤を川の東岸に築いて西岸は放置状態である。これでは京内が水害を被る恐れがある。

同年八月二十五日：鳥羽上皇の命により白河の御願寺を水害から守るため、大炊御門《おおいのみかど》以南に新水路を掘って防河工事を施した。

同年九月二日：前日来の大風雨によって鴨川周辺の民家多数が流出し、新しく造られた水路も防河工事も徒《あだ》になった。

『池亭記』

鴨川付近や北野には、人家が建て込んでいるだけでなく、田畠があって耕作し、川をせきとめて田に灌漑している。ところが毎年洪水があって堤が切れている。そのため防鴨河使にはいつも仕事が待っている。鴨川の西辺は崇親院にて耕作が許されているだけで、ほかは洪水の恐れがあるために禁止されている。鴨東や北野は天皇が儀式をする場であり行幸の地であるのに、どうして耕作を禁止しないのであろうか。

四　鴨川の治水対策

平安時代の鴨川治水については、防鴨河使の性格が曖昧で、多くのことがわかっていない。また、具体的な防河事業がどのように行われたかという技術史的な関心もあまり持たれておらず、それに関する研究も少なかった。それらの点を考慮しながら、当時の治水対策を整理してみたい。

防河と防鴨河使

前述のように、防鴨河使は鴨川の水防のためにおかれた役職で、堤の管理（修理・保全）、新堤の増築、工事の監督や工事終了の報告などがその任務であった。職員は、長官・判官・主典から成り、検非違使や弁官などから任命され、それと兼務することも多かった。任期は三年で、後に四年に延長された。

防鴨河使は、弘仁年間（八一〇～八二四年）に葛野川の対策にあたる防葛野河使《ぼうかどのかわし》と共に任命されているが、貞観三（八六一）年に費用対効果の理由から両使は廃止された。しかし、洪水による被害は増える一方で、防鴨河使のみが復活されることとなった。その後も、廃止と復活は繰り返された。こうした状況の中で、最終的に採用されたのが天慶年間（九三八～九四六年）以降の方法であった。つまり、鴨川の改修が必要なときに防鴨河使を設置し、その下で改修工事を諸国に負わせるというものであった。

しかし、平安時代末期には、防河工事を担当する諸国がその費用と人夫を調達できなくなって、この制度も終わりを迎えた。鴨川の治水は水との戦いであっただけでなく、工事の費用と人夫をいかに調達するかという財政上の戦いでもあった。

防鴨河使による防河のプロセス

洪水で鴨川堤が決壊すると、まず防鴨河使が任命され、被害を調べ報告した。この後、その報告に基づき、防河を担当する国々とそれぞれの担当範囲が決定された。

担当する国々が決定されると、それらに対して担当する箇所を割りあてることで防河が始まった。具体的な工事の内容は、基本的には現在と大きな違いはなく、まず水流を適切に流す処理を行った上で、堤修復に進んだ。工事が終了すると、覆勘使《ふっかんし》（左大臣・右大臣・中納言など上級の役人）によって完了したかどうかの確認がなされた。これが認められると、防鴨河使は工事を実施した国々に対して、責任を全うしたという返抄（一種の証明書）をだした。

防鴨河使の権限

このように、防鴨河使は防河事業の複数のプロセスにかかわり、特に返抄の発給までを行ったことは、防河に対して大きな責任を負っていたことを示している。しかし、防河工事の担当国を決めることは上級公卿の権限で、修理箇所の割りあても官史が行った。さらに、改修工事を実施するのは割り当てられた国々であった。以上のことから判断すると、防鴨河使の責任は重かったものの、その権限と活動には一定の限界があったことがわかる。

五　防河に関わる財源の限界

これまで述べてきたように、防鴨河使のもとで諸国が防河を負担する体制は、一〇世紀前半に大筋は成立した。

その一方で、防河を課せられた国々が依拠する財源については、一一世紀中頃になって変化がみられた。

その主たる財源は、一一世紀前半までは国衙《こくが》の正税稲が中心で、補助財源として不動穀（非常用に備蓄された穀物）も用いられた。ところが、一一世紀初めになって、国衙財政の中核であった正税稲・不動穀が欠乏するようになると、臨時に加徴して、費用を調達する方式が採られた。

その後、防河のための賦課は、院政期の初めまで続いた。院政期は、荘園が爆発的に増加した時期であり、加徴が免除された荘園の増加によって、防河の賦課・徴収は困難になり、このような制度のもとでの鴨川の防河事業は終わることになった。

六　おわりに

平安時代における鴨川の洪水に関する史料は、比較的豊富にあるために、かなりのことがわかってきた。鴨川の洪水は、京都の人々にとって一大関心事であったのである。

防河工事の中心を担った防鴨河使については、これまであまり知られた存在ではなかったため、本章ではここに焦点をあてて考察してみた。その結果、防鴨河使は完全に自立した役職ではなく、上級公卿の指示を受けて実行する実務機関に過ぎなかったことがわかった。筆者は、これまでの研究では、防鴨河使の官司としての力量が過大評価されていたのではないかとみている。防河事業は防鴨河使の働きによって成り立ったというよりも、公卿の意欲と工事を担当する諸国の財政によるところが大きかったのである。

同じ平安時代といっても、摂関期と院政期とで異なるように、時期によって為政者の防河に対しての考え方に違いがあった。例えば、藤原道長と白河上皇という、両時期の最高権力者で比較してみると、道長は鴨川堤を何度も巡検し改修状況を自ら確かめるなど、鴨川の治水に対して強い意欲を持っていた。それに対して、白河上皇は、「天下三不如意」でもわかるように、防河には消極的な意識しか持たなかった。院政期における防河が後退した原因には、諸国の経済状態の悪化だけにとどまらずに、為政者の防河に対する意識もあったことは間違いない。

文献

柿村重松（一九六八）『本朝文粋註釈　上冊』冨山房
勝山清次（一九八七）「平安時代における鴨川の洪水と治水」人文論叢四
門脇禎二・朝尾直弘編（二〇〇一）『京の鴨川と橋―その歴史と生活―』思文閣出版
川勝政太郎（一九五二）「鴨川と防鴨河使」史迹と美術二三
京都市編（一九七〇）『京都の歴史一　平安の新京』学藝書林
京都新聞社編（一九八三）『京都　いのちの水』京都新聞社
平野圭祐（二〇〇三）『京都　水ものがたり―平安京一二〇〇年を歩く―』淡交社
村井康彦編（一九九四）『京の歴史と文化一　長岡・平安時代』講談社
渡辺直彦（一九七二）『日本古代官位制度の基礎的研究』吉川弘文館

第七章 治水に果たした御土居構築の役割

浅見浩紀

一　はじめに

かつての京都には、市街地全体を囲む御土居とその周囲に堀が存在したことはよく知られている。それは、豊臣秀吉が京都改造の際に構築したもので、現在でもその一部が残っていて往時の景観を想像することができる。

御土居の研究としては、中村武生、足利健亮、門田誠一など多くのものがある。しかし、御土居の有用性を検討し、それらを比較した研究はあまり多くはない。そこで本章では、御土居構築の背後にあった様々な要因や有用性を取り上げ、その効果を検討してみたい。その上で、特に治水に焦点をあてて、その実態について考察してみよう。

二　御土居の概要

御土居の規模と構造

御土居は、秀吉の京都改造の際に構築された土塁と堀から成る構造物である。御土居の構築には、諸大名や京都の有力寺社が多数動員されたこともあって、それに要した期間は天正一九（一五九一）年一月からのわずか二カ月という驚異的な短さであった。

御土居の規模は、場所によってかなり差があるが、高さが三～六m、土居敷（底部）の幅一〇～二〇m、馬踏（頂部）の幅四～八m、犬走り（土塁と外側の堀との間にある平地部分）の幅一・五～三m、堀の幅三・五～一八mであった。また、御土居は南北約八・五km、東西約三・五km、全長二二・五km、内部面積は約二〇・六km²に及び、当時の京都の主要部分をほぼ包含した（図7-1）。北辺や西辺の北部などは自然地形を利用して構築されていて、南辺と比較するとその規模はかなり大きかった。

御土居の土塁と堀は一体の関係にあり、堀を掘削する際に生じた土砂を掻き揚げて土塁が築かれている。土塁の上には竹が植えられ、その縦横に伸びた強固な根は土塁の土を固定し、繁茂する枝葉は要害として役立った。さらにその竹は伐採して販売することで利益をもたらしたが、自由に伐採することは許されておらず、公的な使用が優先された。

御土居の構築場所

次に御土居が構築された場所について、反時計回りに概観してみよう。東辺の御土居は、鴨川と京都の市街地東端の寺町との間を画するように南北に通り、今出川から北でも賀茂川の流路に沿うように延び、旧上賀茂村で大きく西へ屈曲していた。写真7－1は、ちょうどこのあたりに史跡として保存されている御土居である。北辺の御土居は、そこから西へ延び、長坂越を過ぎて紙屋川の手前で南へ折れた。西辺の御土居は、紙屋川に沿って大将軍社前まで南下し、ここで紙屋川を渡り、旧大将軍村と旧西ノ

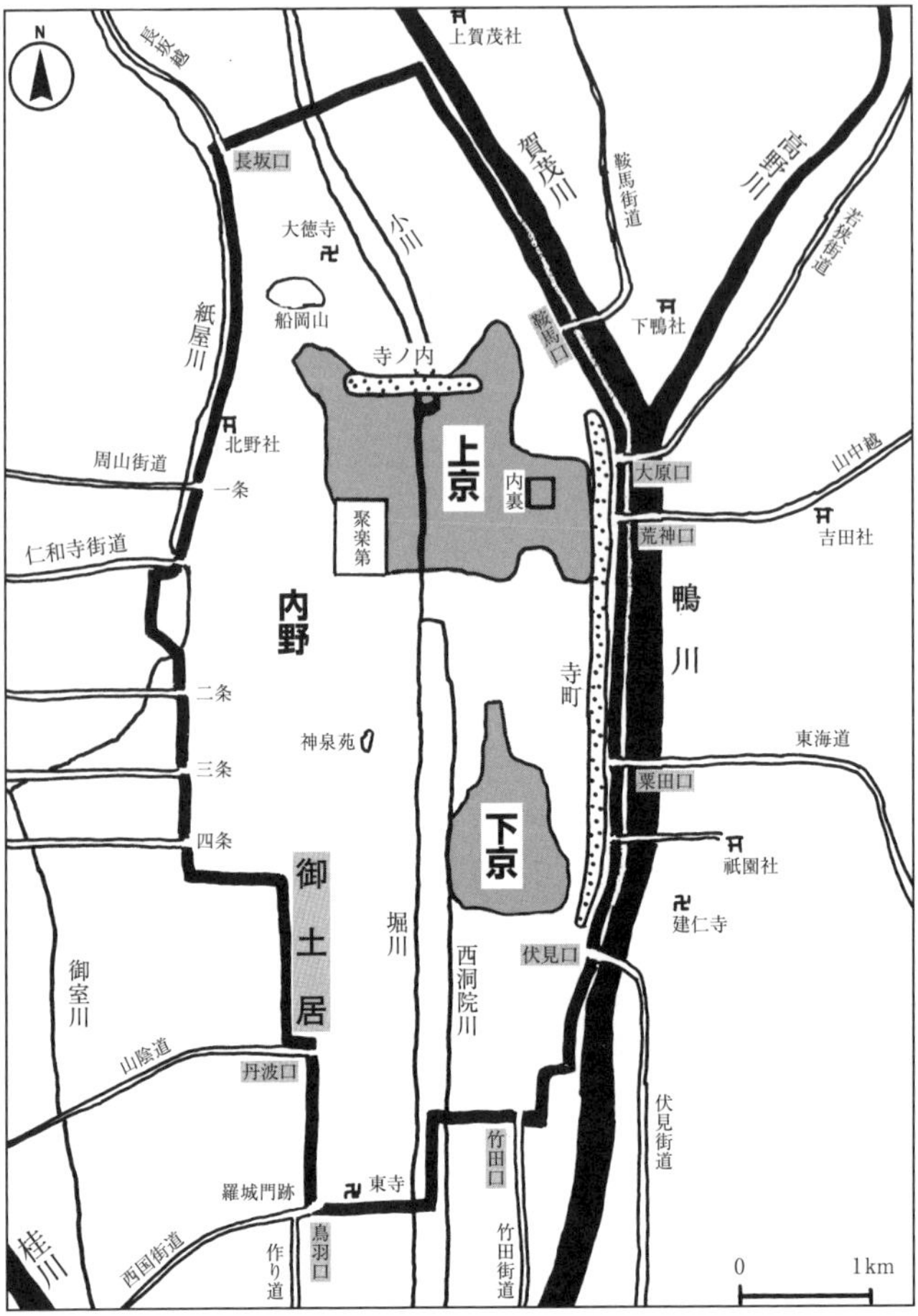

図7－1　御土居の概観

（木下政雄・横井清〈1969〉を一部修正）

写真7-1　御土居（加茂川中学校付近）

京村の境界あたりでさらに西へ飛び出して矩形を成した後、紙屋川の左岸に戻って、下りながら直角に四回ほど屈曲して九条の羅城門跡に至った。南辺の御土居は、九条通りに沿って東進し、西洞院通りとの交点で北上した後、現在の京都駅構内に沿うように東進し、後に高瀬川が開削された付近で一旦北上し、七条通りの南で再び東進して、東辺に接続していた。このように、御土居は当時の京都市街地（上京・下京）だけでなく、一部の田畑までを取り込んでいたのである。

三　御土居構築の目的

そこで、これまでの研究であげられている御土居構築の背景にあった目的を、以下の治水・防衛・政治の三つに整理し、検討してみたい。

治水目的

御土居は、堀を掘削する際に出た土砂を掻き揚げて築かれたことは前述したが、このような手法で造られた構造物を掻揚土塁という。御土居は、これまでの掻揚土塁の標準的な規模に比べると大きかったが、これは特に鴨川や紙屋川に面する箇所では水防に重点が置かれたためだといわれている。これらの河川に面する部分には、廃寺などから集められた礎石類を用いて、その上に掻き揚げた土砂を積んで強度を増していた。さらに、土塁上には前述のように崩壊を防止するために竹が植えられた。また御土居には、一〇カ所程度の人々の出入のための「京の七口」のような門が設けられていた。しかし、出入口に造られた木製の門では、いかに堅固にしたとしても洪水を防ぐことができたとは考えにくい。このような問題はあるにせよ、御土居の周囲をめぐる堀の存在だけでも、洪水防御の役に立ったことは間違いないだろう。

防衛目的

御土居西辺のほぼ中央部には、前述したように逆コの字形に張り出した部分があった。ここは「御土居の袖」ともいわれ、御土居の外側に対する見張りの郭であった可能性がある。また、御土居には前述のように「京の七口」のほかにいくつもの出入口が設けられたが、西辺北端には長坂口から丹波口まで、構築当初には出入口はなかった。このことから、御土居は主に西方の外敵から防衛するために造られたということが考えられる。

土居とは、もともと武士の邸館を囲繞した土塁を意味し、それは防衛機能を重視した施設であった。秀吉は京都を聚楽第を中心とする城下町と見做し、この御土居の完成によって京都を巨大な城塞都市へと変化させたのだとすれば、それは「堤」よりもむしろ「土居」と呼ばれる方がふさわしかったのであろう。

さらに、中世までの城下町は、外敵から焼かれたり、逆に外敵に占拠されることを防ぐために自ら火を放ち燃やされることもあった。そのようなこれまでの戦の方法を御土居の構築によって終了させる目的があったことも指摘されている。

政治目的

御土居には、洛中・洛外を明確に区別するという政治的な目的もあった。御土居の構築に着工する前年の天正一八（一五九〇）年に、秀吉は連歌師の里村紹巴《じょうは》と京都所司代前田玄以を伴って京都を巡見したが、洛中と洛外の明確な区分ができないことがわかった。そこで秀吉は、平安京に倣って御土居を構築することによって、洛中と洛外を明確に区分して、視覚的にも都市としての洛中と農村としての洛外を明確にしたのである。

御土居構築以前に洛中と洛外を区分していたのは、「京の七口」などに設置された関所であった。しかし、関所以外ではその区分が曖昧であったため、それを明瞭にさせたのが御土居であった。御土居は、少なくとも北・西・南辺においては「京境」として一定の役割を果たしていた。

四　御土居構築の効果

平和保障喧伝の構造物

御土居は、戦国期までに存在した洛外の寺社門前の大半を包摂し、また洛中においても上京・下京や法華宗寺内町が持つ惣構（城・寺院などを取り囲んだ堀・石垣・土塁）に代わって、それら全体を囲む新しい惣構となった。こうして、これまでのような個々に独立した境内が存在する「複合都市としての京都」が解消され、「一つの京都」が実現されたのである。

つまり、秀吉は寺内町などがそれぞれの惣構によって自衛する時代を終了させ、御土居によって京都の全体を守るように変更したのである。御土居は、平和と支配の喧伝のための構築物になった。こうして、各寺院や惣町は自己防衛の負担から解放されたが、そのことで秀吉は寺院や寺内町に「武装解除」させるための条件を整えたといえる。

京都の美観の創出

前述したように、御土居の馬踏（頂部）には竹が植えられた。竹林には、土塁の強化以外に、京都の修景という目的もあった。そのため、竹林は厳重に管理されていた。当時日本にいた宣教師のフロイスはその著書『日本史』で、御土居について「町の装飾となり美観を添えしめるために、その上に繁茂した樹木を植えさせた」と記している。元治元（一八六四）年に五雲亭貞秀によって描かれた『京都一覧図画』には、御土居に植えられた竹林が巨大な並木のように表現されている。遠方からでも、竹林はこのように目立った存在だったのであろう。ほかにフロイスは、御土居周囲の堀もこの美しい景観の演出に一役買っていたとしている。

天皇への牽制

秀吉は天正一二（一五八四）年、対立していた徳川家康と完全講和を果たし天下統一の目途が明確になると、次に朝廷との融和をはかった。後陽成天皇の即位と同時に聚楽第を造営し、ここに天皇を迎えた秀吉は自らを公家とし、天皇を補佐する役職である関白となった。ここで朝廷との融和は一応成立するが、秀吉が次に取り組んだのが御土居の構築であった。これに伴って、治安維持に特別の武力を必要としなくなったという名目から、秀吉は朝廷に直属した警察機構である四座雑色《しざのぞうしき》を廃し、追放しようとした。朝廷の武力を奪おうとした秀吉の狙いが読み取れる。

五　その後の御土居

このように、いくつかの効果をもたらした御土居は、近世に入ると大きな変化をみせた。幕府が御土居の維持に力を注いだことは、町人や農民を動員して土揚げ、水まきなどをさせたことなどからもわかる。しかし、いくつかの理由があって、むしろ御土居の破壊につながっていくこととなった。

その理由はいくつかあるが、まず京都が発展することで鴨川を越え、鴨東へと拡大していくようになったことがある。ほかにも、軍事的に防衛の必要性が薄れたこと、寛文年間になって鴨川に寛文新堤が建設されたことなどもあって、次第にその存在意義を失っていった。こうして御土居は、むしろ通行の障害になるものとして壊され、跡地は屋敷地や町家に変貌していったのである。

天保年間（一八三〇～一八四四年）の洛中図には、今出川から五条までの東辺の御土居はほとんど描かれていない。とはいっても、御土居の存在価値が完全になくなった訳ではなかった。竹の販売で収益を得るため、京都町奉行は御土居と堀の巡回を繰り返しており、また、幕府は水防のために部分的には御土居の修理をしていた。このように一部で御土居は消失したが、近世においても一定の役割を果たしていたのである。

六　おわりに

本章では、いくつかの目的を持った御土居の効果などをみてきた。

これまでの研究において、御土居が一条以北の紙屋川からの治水に充分に機能を果たしていたとはいいがたいとされており、さらに御土居が建設された以降でも鴨川は洪水を起こし続けてきたことが明らかになっている。地形的にみれば、特に北辺・東辺の御土居には治水の効果があったことは認められる。しかしこのことと、鴨川に面した東辺においてその後の御土居が壊滅状態になったこととは矛盾してくる。恐らく寛文新堤の完成で、洪水は起こらないとする安心感がそうさせたのだと考えなければ、説明がつかない。しかし、本書の第八章でも寛文新堤に洪水防止効果がなかったことが明らかにされているので、治水目的はあったにしても効果には疑問符がつけられていたことになる。

以上のように、効果はあまりなかったとしても、筆者は秀吉の御土居建設の主な目的はあくまで治水にあったのではないかとみている。秀吉が御土居の構築を武田信玄とかかわらせていたのではないかと見做すことはできないであろうか。信玄は、秀吉の御土居建設着工の四〇年近く前に信玄堤を建設し領国を治めた。国を治めるためにまず暴れ川を制するという信玄の考え方を、秀吉は京都に導入したかったとしても、そう大きな間違いではないように思う。つまり、秀吉は治水目的を最も重視して御土居を建設したが、実際の効果はあまりなかったために後に破壊されていったと解釈することが実態に近いととらえておきたい。

文献

足利健亮編（一九九四）『京都歴史アトラス』中央公論新社
植村善博・上野裕編（一九九九）『京都地図物語』古今書院
門田誠一（一九九九）「土城としての御土居」佛教大学文学部論集八三
鎌田道隆（一九九三）「京都改造：ひとつの豊臣政権論」奈良史学一一
河内将芳（二〇〇〇）『中世京都の民衆と社会』思文閣出版
京都市編（一九六九）『京都の歴史四　桃山の開花』学藝書林
京都市編（一九七二）『京都の歴史五　近世の展開』学藝書林
中村武生（二〇〇五）『御土居堀ものがたり』京都新聞出版センター
中村武生（一九九五）「京都惣曲輪御土居跡の推定」佛教大学大学院紀要二三
二木宏（一九九七）「都市京都と秀吉―都市の平和と公儀―」日本史研究四二〇
平野圭祐（二〇〇三）『京都　水ものがたり―平安京一二〇〇年を歩く―』淡交社
松田毅一・川崎桃太訳（二〇〇〇）『完訳　フロイス日本史（全一二巻）』中公文庫

第八章　寛文新堤は防災目的で造られたのか

吉越昭久

一　はじめに

近世以前における洪水防御は、河川の堤防建設、河床の掘り下げ、遊水地の設置、蛇篭《じゃかご》・水制・沈床などを用いた護岸工事など様々な方法によって行われてきた。

京都の鴨川周辺では、平安京造営以降、主として右岸域の開発が進み遊休地が少なくなった結果、堤防建設・護岸工事が洪水防御の主流となった。堤防建設に関していえば、近世に入って鴨川に初の本格的な堤防といえる寛文新堤が建設されるまでは、部分的な堤防建設や修築にとどまっており、この状態は九世紀以降から近世初頭に至るまで大きく変わっていない。一般的には、寛文新堤建設の目的は洪水防御にあったと見做されているが、その防災効果について充分に明らかにされてこなかった。

そこで本章では、寛文新堤建設の経緯を概観し、その規模と構造に触れた上で、建設以降の変化を追うことによって、洪水が減少しなかったことを明らかにし、洪水防御の効果を発揮できなかった原因について考察してみたい。その上で、寛文新堤建設の目的が洪水防御にあったのかどうかについて検討してみたい。

これまで寛文新堤に関しては、筆者の一連の研究のほかには、菊岡倶也の入札による工事の研究がある程度であったが、最近になって、鈴木康久ほかが洪水防御に関する詳細な成果を発表している。なお本章は、立命館文学第五九三号に掲載された拙稿に、一部修正を加えたものである。

二　鴨川と流域の姿

鴨川は、淀川水系桂川の支流で、幹線流路延長は約三一㎞、流域面積は約二一〇㎢の小規模な河川である。その源流は北山にある栈敷ケ岳（八九五・七ｍ）で、そこから流下し出町柳付近で高野川をあわせて、京都市伏見区下鳥羽付近で桂川に合流している。

歴史的にみると、近世以前の京都の市街地は主として鴨川の右岸域に展開し、左岸域には寺社とその周辺に若干の家屋があったに過ぎない。また河川敷の形態も右岸は直線状であったのに対して、左岸は不定形で、川幅も広いところでは安土桃山時代には現在の二倍近くあった。堤防は連続しておらず、河床は浸食や堆積によって低下と上昇を繰り返し、頻繁に洪水が発生したのはよく知られている。

寛文新堤が建設されると、後述するような様々な変化が起こった。さらに明治時代になると琵琶湖疏水が河川敷の中に通され、昭和時代になって河床の掘り下げなどを含む大規模な改修工事が行われた結果、現在みられるような鴨川の姿ができあがったのである。

三　寛文新堤の規模と構造

近世以前の鴨川では、洪水防御のために部分的に堤防が建設されたほかには大規模な治水工事は実施されなかった。このために建設されたのが初の本格的な堤防である寛文新堤で、この堤防は形態や機能からみると現在一般的にみられる堤防とは多少異なるものであった。

寛文新堤の工事は、寛文九（一六六九）年に開始され、翌年に終了した。京都所司代の板倉重矩《しげのり》が施工にあたったため、京都では板倉堤とも呼ばれた。それが建設された場所は、上賀茂から五条までの区間であったが、右岸は今出川より下流部、左岸は二条より下流部では石積（石垣と呼んだ）になっていたものの、それらより上流は基本的には土積で、護岸のためにその前面には蛇籠が設置されていた。賀茂川では右岸だけに堤防工事がなされ、左岸では実施されなかった。

堤防建設の費用は、場所によって公儀ないし町の負担によって捻出され、このためそれぞれ公儀石垣、町石垣と呼ばれた。また、建設工事は、八七区間に分けて実施されたが、それぞれの区間ごとに入札が行われ施工者が決められていたことが、『中井家文書』からも知られる。

この『中井家文書』には工事に伴う図面は含まれていない。しかし、『賀茂川筋絵図』（京都市歴史資料館蔵）（図8-1）が残されており、これは建設当初のものではなく、描かれている内容から判断して宝暦八（一七五八）年から宝暦一二（一七六二）年の間に作成されたものと見て間違いはない。この絵図は、恐らく洪水の被害を幕府に届け出た写しであろう。この絵図は、寛文新堤建設から九〇年ほど経過して作成されたものではあるが、寛文新堤の特徴を知るには最適な絵図である。そこで、この『賀茂川筋絵図』について若干説明してみよう。

『賀茂川筋絵図』は二六〇×九五〇㎝の細長い図で、着色されている。この図には、石積か土積か、蛇

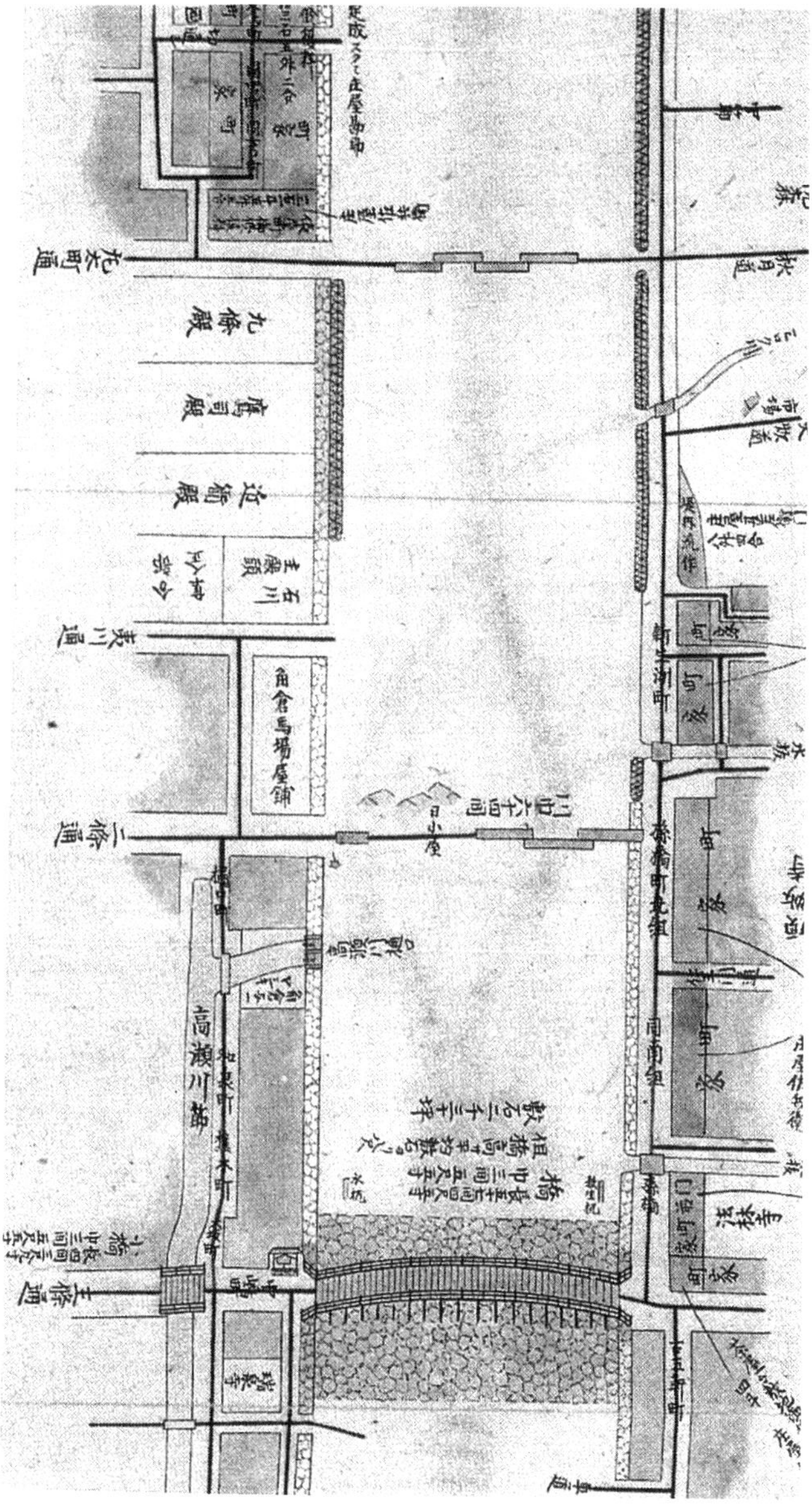

図 8-1 賀茂川筋絵図

（京都市立歴史資料館蔵）

篭があるかどうか、鴨川にかかる橋の形態と規模、堤防の切れ目、流作場の位置と規模、公儀石垣と町石垣の別などが明瞭に描かれている。また、公儀石垣の延長が一〇〇三間、町石垣の延長が二二一〇間と記され、その建設場所も記号と色からわかるようになっている。つまり、左岸では二条より下流部に石垣があって、そのすべてが町石垣である。これに対して、右岸で今出川通から五条通りまですべてが石垣となっている。そのうち今出川通から夷川通あたりまでが公儀石垣となっている。左岸の石積になっていない二条通より上流については、今出川通までは蛇篭が設置されている。賀茂川はすべて土積であって、右岸には上賀茂まで連続して蛇篭が設置されているが、左岸にはみられない。

この図からは橋の形態も明瞭にわかり、川幅いっぱいに架けられたいわゆる大橋は、当時は五条大橋と三条大橋だけで、あとはすべて水流の部分だけに板を渡したいわゆる仮橋である。従って、仮橋のある部分では、河川敷にむけて道路を傾斜させているために、堤防が不連続になっている。大橋にはその長さと幅が記されているので、鴨川の川幅を知ることもできる。それによると、五条付近では六四間、三条付近では五七間四尺五寸となっている。

この絵図をもとに判断すると、寛文新堤は連続堤ではなく、道路などと交わる部分が途切れた一種の破堤で、しかも堤頂が市街地と同じ高さであることから、堤防というよりむしろ石積（ないしは土積）護岸と考えた方が実態に近い（第二章図22－1参照）。

寛文新堤が建設されたことで起こった重要な変化は、鴨川の河岸が平行に直線化されたことである。その結果として、特に左岸側で川幅が狭められることになったが、このことによる変化については次項で触れてみたい。

四　建設に伴う諸変化

寛文新堤が建設された結果、いくつかの変化がみられた。そのフロー図は図8-2のようになる。これらの変化は、最終的には鴨川の洪水の変化、つまり洪水の増加につながることになった。一般に堤防は、洪水の防御を目的として造られるものであるため、本来ならば堤防建設の結果、洪水が減少するはずである。しかし、鴨川では実際にはそうはならなかったのであるが、この原因がどこにあるのか検討してみよう。

寛文新堤の建設の結果生じた変化の一つ目は、御土居が撤去され始めたことである。御土居は、天正一九（一五九一）年に豊臣秀吉の指示で造られた京都の洛中を取り囲む大規模な土塁であった。この築造目的には本書の第七章にもあるようにいくつかがあるが、そのうちの一つに洪水防御があった。ところが、近世に入ってからの治安の安定などを背景に、また寛文新堤建設による安心感も生まれ徐々に御土居の撤去が進み、その跡地は道路や町家に変わっていった。御土居は一種の輪中堤であり、その外側を堀が取り囲んでいた。それを撤去し平坦化したのであるから、鴨川の堤防によって洪水が防御できないとすれば、洛中にまで洪水流が浸入することになるのは明白である。

一方、鴨川に対するイメージは、「怖い・恐ろしい」から「美しい・楽しい」に徐々に変化していった。その結果、寛文新堤の建設による変化の二つ目であるが、ウォーターフロント・ブームにつながっていった。堤防の構造上、河床に降りやすく、しかも河床が浅かったため、人々は河川敷において芝居見物に興じ、夕涼み・飲食などをした。これは、洪水の変化とは直接関係しなかったが、鴨川の水質や景観により影響を与えたことは疑いがない。

三つ目の変化として、堤防の建設によってかつての河川敷が堤内地に組み込まれたことがあげられる。そして、ここは遊興的な性格を強く持った新地などへと変貌していった（第一七章参照）。この変化も、後述するように洪水被害の増加につながることになる。

四つ目には、堤防の建設によって、これまで述べてきたように川幅が狭められたため、土砂が堆積し河床が上昇しやすくなったという変化がある。流域の北東部の山地などは、花崗岩地域であるが、そこでは深層風化によって大量のマサ土が生産され、鴨川に流出される。これも、洪水の増加につながった。

これらの対策として、その後、土砂の浚渫や堤防の嵩上げに取り組まなければならなくなったのである。こうした諸変化が、最終的には鴨川の洪水の増加につながっていった。

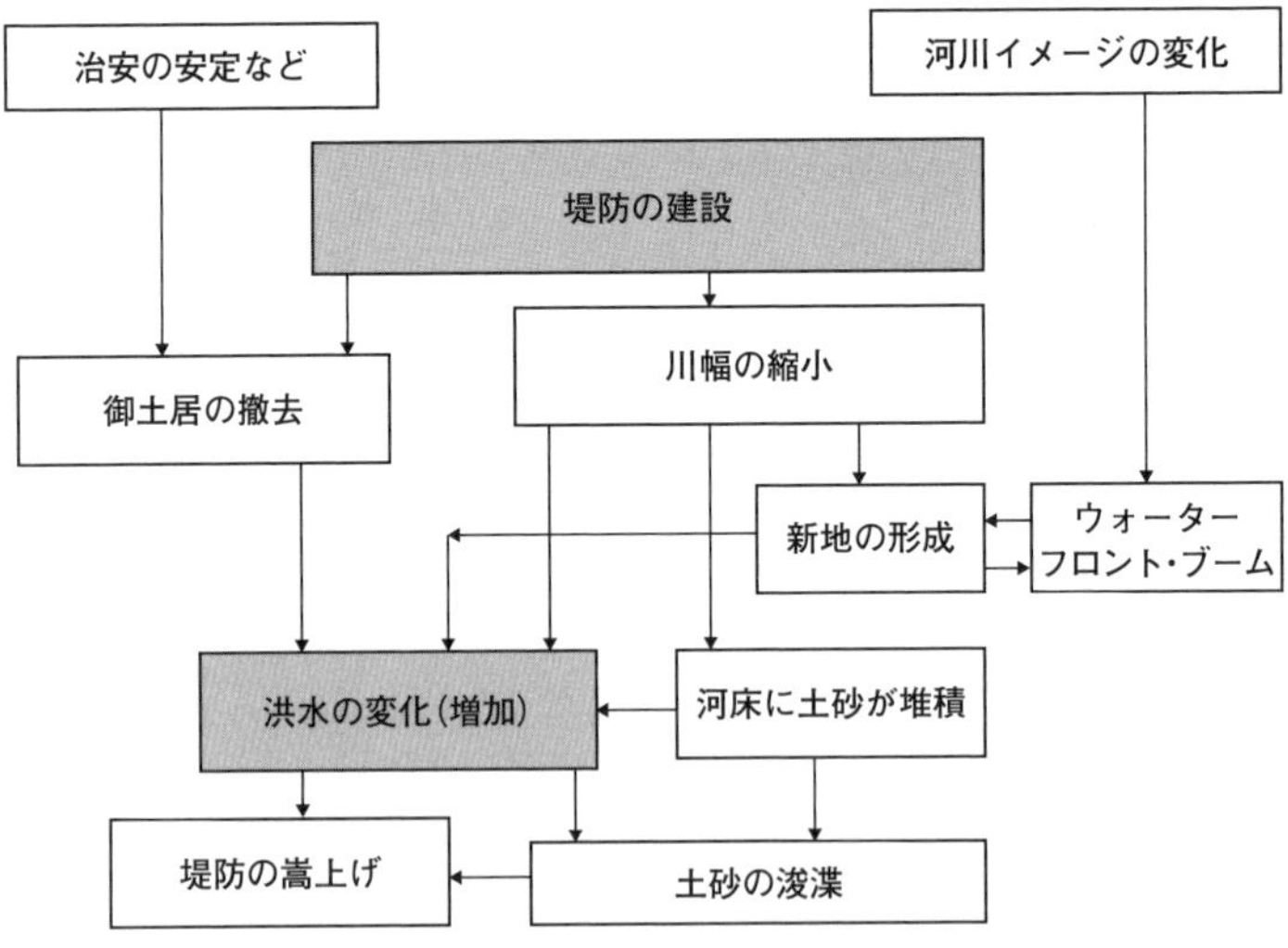

図 8-2　寛文新堤建設に伴う諸変化フロー図

吉越（2006）を一部修正

五　防災効果の検証

歴史時代に発生した鴨川の洪水を年表にして経年的に検討してみると、寛文新堤の建設以降、洪水は減少せずに、むしろ増加する傾向にあったことがわかる。もちろん、洪水は気候変化とのかかわりを考慮しなければならない。世界的にみると一六世紀〜一八世紀にかけて、多くの国々で寒冷ないわゆる小氷期を経験した。その時期に、京都における降水量の多寡に関する詳細な研究はないが、気候不順に伴って雨量も不安定になったことは確かで、洪水や飢饉の記録も多い。従って、洪水の変化の原因を堤防建設だけに求めることには無理がある。

気候変化のほかにも、寛文新堤の規模や構造およびそれがもたらした変化は、洪水増加の原因になった。つまり、堤防建設によって、川幅が平安時代の三分の一、安土桃山時代の二分の一に狭められたことと、マサ土などの堆積によって河床が上昇したことの二つが、洪水増加の最大の原因と見做せる。さらに、前述したような右岸と左岸で堤防の構造が異なっていたことも洪水の大きな原因となった。

さらに、洪水の被害を受ける地域の変化にも原因があった。鴨川周辺の開発が徐々に進み、近世に近づくと市街地が鴨東にも広がっていった。また、前述の新地の開発もあって、洪水時に被害を受けやすくなる対象が大幅に増加した。以上のような鴨川周辺地域の変化も、結果的に被害を増大させたとみてよい。

このようにいくつかの原因があって、結果として寛文新堤は、洪水防御にさほど効果がなかったと評価できるのではないだろうか。

すると、寛文新堤建設の目的は果たして洪水防御にあったのであろうかという疑問が湧く。本当に洪水を防ごうとしたら、より規模の大きな連続堤を建設したはずであるし、当時そのような技術はあった。つまり、当時の為政者には寛文新堤を建設することで完全に洪水を防御するという意図はなかったと見做さざるを得ない。このため筆者は、寛文新堤建設の最大の目的は、鴨川周辺の堤内地を増やすことにあったのではないかとみている。つまり、鴨川は京都の市街地のすぐ近くにあって、鴨東の寺社とを結ぶ重要な位置にある。従って、経済的にも価値を持つ土地が、これまでは河川敷とされていたとするとそれを損失とみたのではないだろうか。河川敷を有効に利用したいとする要望が、このような堤防を建設させた最大の目的と結論づけたい。

結果として、新しくできた堤内地は、下流部では遊興的な新地となったし、それより上流部では公家や大名などの屋敷として利用されるようになった。しかも前者が町石垣、後者が公儀石垣の部分にあたることなどを考慮すると、筆者の結論にはあまり無理がないように思える。

六　おわりに

京都の鴨川に建設された寛文新堤は、鴨川における初の本格的な堤防であった。堤防建設の目的は、一般的には洪水防御にあったが、鴨川の場合には洪水の防御にはならなかった。その原因はいろいろあって、河川自体の変化（河川が狭くなる、土砂の堆積が進む、直線化されるなど）、堤防の規模と構造（破堤となっている、両岸で構造が異なる、堤高が低いなど）、気候の変化（小氷期による不安定さなど）、被災地域の変化（新地の形成など）などがある。これらを根拠にすると、寛文新堤建設の最大の目的は、洪水防御にあったのではなく、むしろ新しく造り出された土地を有効に活用することにあったととらえておきたい。

文献

赤石直美ほか（二〇〇六）「京都歴史災害年表」京都歴史災害研究六
朝日新聞一九九八年四月七日（夕刊）記事「江戸期の新住宅地 鴨川の開発克明に」
片平博文（二〇二〇）『貴族日記が描く京の災害』思文閣出版
菊岡倶也（二〇〇四）「江戸時代の鴨川堤防の入札規定を追う（一）」CE建設業界二〇〇四年五月号
菊岡倶也（二〇〇四）「江戸時代の鴨川堤防の入札規定を追う（二）」CE建設業界二〇〇四年六月号
鈴木秀夫（二〇〇〇）『気候変化と人間―一万年の歴史―』大明堂
鈴木康久・山崎達雄（二〇一一）「江戸期における鴨川の堤防に関する研究―「川方勤書」・「賀茂川筋名細絵図」を中心に―」京都産業大学日本文化研究所紀要一六
中島暢太郎（一九八三）「鴨川水害史（一）」京都大学防災研究所年報一六B
吉越昭久（二〇〇四）『歴史時代の環境復原に関する古水文学的研究―京都・鴨川の河川景観の変遷を中心に』立命館大学学術研究助成報告書
吉越昭久（二〇〇六）「京都・鴨川の「寛文新堤」建設に伴う防災効果」立命館文学五九三
吉越昭久ほか（二〇〇七）「「賀茂川筋絵図」の作成年代確定と災害とのかかわり」京都歴史災害研究七
吉越昭久（一九九三）「名所図会類にみる河川景観―近世の京都、鴨川を中心に―」奈良大学紀要二一

第九章
総合的治水の必要性

清野逸平

一　はじめに

京都を流れる鴨川は、降雨時には増水しやすいという特徴を持ち、古来より度々洪水を引き起こした暴れ川であった。現在では河川改修や下水道整備が進み、洪水の発生頻度や被災面積は減少してきている。それでも世界的規模で起こる異常気象の影響もあって、日本各地で突発的な豪雨とそれに伴う洪水が発生しており、危険が去った訳ではない。

昭和三〇年代以降、日本の洪水が外水災害から内水災害へと変化し、特に都市域において頻発するようになってきた。この変化を受けて多くの研究が行われ、洪水被害は流域の開発や住民の高齢化など様々な要因と関連することなどが指摘されるようになった。

本章では文献研究、統計資料の収集や現地調査、関係機関への聞き取り調査などを通して、京都市における都市化と住民の高齢化という観点から、鴨川における洪水の危険性と総合的治水の必要性を検討してみたい。

二　洪水で形成された地形

京都盆地は、桂川・宇治川・木津川の合流点に向かって緩やかに傾斜する地形を成し、盆地底と周辺をとりまく丘陵・山地は活断層で画されている。盆地底の地表面は、よくみると平坦ではなく小さな起伏を持っていることがわかる。これらの地形は、新しい地質時代に、これらの河川やその支流の洪水によって形成されたものである。概略的にいうと、盆地の北部には扇状地と呼ばれる少し傾斜のある平坦面が、その南の桂川や宇治川周辺には後背湿地と呼ばれる傾斜の緩い平坦面が広がっている。これらの地形は、まさにそのようにして形成されたものである。

扇状地の内部には粒の大きな礫や砂が、後背湿地の内部には砂や泥などがみられ、これらの堆積物を詳細に調べることで、過去の洪水の発生などを知ることができる。地質時代の洪水はこのような地形や地質を、歴史時代の洪水は史料などを精査することで明らかにできるし、近年では発掘調査などからさらに詳細な被災域までもがわかるようになった。

三　都市化と水の流出形態の変化

都市域の拡大

日本では明治時代以降、産業の近代化、人口の増加に伴って都市域が拡大した。鴨川の流域でも顕著な都市域の拡大があり、それは河川付近の後背湿地にまで達した。

この急激な都市化に伴って拡大した新市街地は、旧市街地や旧村落よりも相対的に標高の低い土地に形成され、異常な豪雨が発生すれば排水が集中して大きな被害になることが予想される。また、都市域では旧市街地・新市街地を含め土地利用が高度化しているため、洪水が発生すれば交通マヒを引き起こしたり、電気・ガス・水道などのライフラインが長時間にわたって水没して、都市活動全体に大きな影響を与える可能性がある。洪水が人間生活に及ぼす影響は、都市化に伴ってますます大きくなってきている。

浸透域と不浸透域

それと共に都市化は、河川への水の流出形態を変えてきた。都市化以前には、地表面の多くは雨水が容易に浸透できる農地や森林などの裸地で覆われていた。そこが都市化することで、地表面がコンクリートやアスファルトで覆われるようになった。こうなると、雨水などは地下へ浸透しなくなり、大部分は地表面を流れ短時間で直接流出することになり、河川の流量が急激に増大して都市型の洪水が起こりやすくなった。

京都市でも、森林や農地などの浸透域が都市化に伴って大幅に減少した一方、宅地や舗装道路などの不浸透域は、高度経済成長期からのおよそ五〇年間で二倍以上に増加した。このような京都盆地における都市化によって、急激な出水が発生しやすくなり洪水の危険性が高まってきた。

四　京都市の高齢化

高齢化の進展

平成一六（二〇〇四）年七月の新潟・福島豪雨災害や福井豪雨災害では、多くの高齢者が犠牲になった。災害弱者である高齢者の増加は、洪水時において人的被害の拡大につながることになり、防災上の重要な課題である。

京都市における六五歳以上の人口は、平成一七年段階で二九・五万人を超えていて、総人口に占める割合は二〇・一％となる。当時の政令指定都市（東京都区部を含む）一五のうち、京都市の割合は四番目に高く、大都市の中でも高齢化が進んだ都市といえる。

京都市の高齢化を区単位でみると、いくつかの特徴があった。東山区はもともと高齢化が進んでいたが、最近でも継続して最も高齢化率が高い。中京区・下京区も高齢化が進んでいたが、相対的に低くなっていって現在では最も低くなった。近年、都心部に若年層が多く住むようになった結果であろう。山科区はもともと高齢化の程度はさほどではなかったが、徐々に高齢化が進み、現在では二番目に高くなった。

京都市では、現在ではどの区でも高齢化率が二〇％を超え、東山

写真９-１　河原で球技を楽しむ高齢者

区・山科区は三〇%を超えることからもわかるように、区単位では前述のような違いはみられるものの全域で高齢化が進んでいることがわかる（写真9－1）。

鴨川の浸水想定と高齢者の分布

図9－1は、平成三〇（二〇一八）年に京都府によって作成された「淀川水系鴨川・高野川洪水浸水想定区域図（全体図）（想定最大規模）」を一部簡素化して表現した「鴨川洪水浸水想定区域図」である。鴨川で

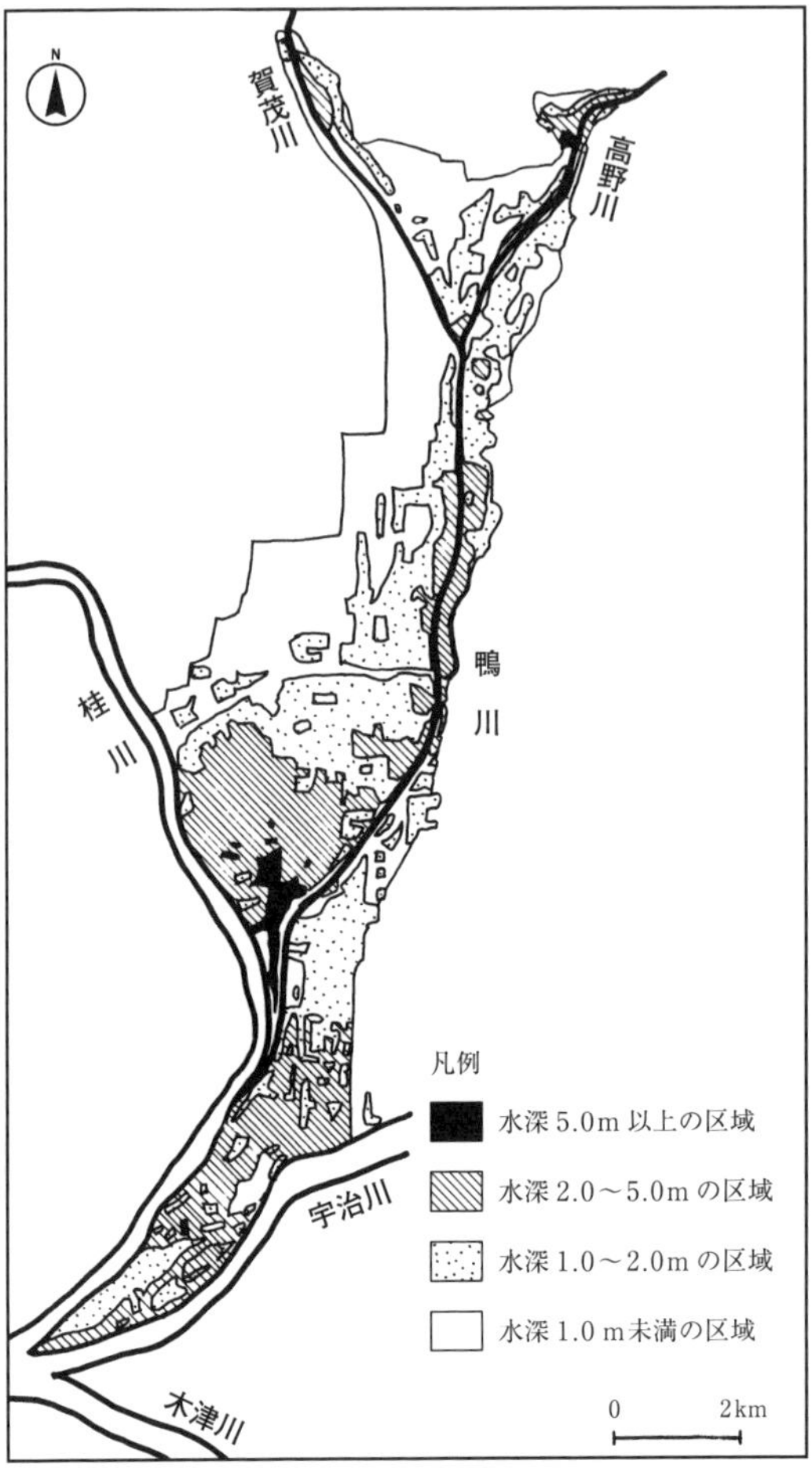

図9-1　鴨川洪水浸水想定区域図
（京都府 平成30年を簡素化）

洪水が起こったと想定した場合、どの地域にどれくらい浸水するかを図示したものであるが、鴨川の中流域から下流域にかけての広い範囲での浸水が想定されている。その中でも特に、市街地の鴨川周辺地域、鴨川と桂川に挟まれた地域、宇治川と桂川に挟まれた地域などに甚大な被害がでる可能性が高い。ここは地形的には後背湿地などで、かつての洪水によって形成された地域でもある。

ところで、高齢化の検討は区単位で行ったが、統計的には学区単位まで明らかにされている。そこでそれらのデータをもとに主として、鴨川の洪水に影響を受ける区などを中心に検討してみよう。図9-1と、前述の高齢化率（平成一五年）の実態を重ねてみると、いくつかの学区の高齢化とかかわりがあることが認められた。まず、高齢化率二五％以上の学区が集中している東山区・中京区・下京区のうち、鴨川の近くに位置する学区の地域と浸水が想定される地域が一致することである。次に、高齢化率二二～二五％以上の学区が集中する北区、左京区南部の下鴨地域と、浸水の想定地域が重なることもわかる。さらに、南区や伏見区の低地帯はほぼ全域が想定区域になってしまうことから、ここでもかかわりがあることになる。このように、鴨川で洪水が発生すると、高齢者の割合が高い地域が被災する可能性が高くなるのである。

五　治水対策と避難対策

鴨川では、昭和一〇（一九三五）年に大洪水が発生し、大きな被害がもたらされた。この災害を契機として翌年から昭和二二（一九四七）年にかけて、鴨川の抜本的な河川改修が行われた。それは、河床の掘削と築堤・落差工などの建設による治水対策と、河川敷の整備や鴨川の各所に飛び石を置くなどの環境整備対策であった。さらに、陶化橋付近の川幅を拡張する河川改修「花の回廊」整備や、山紫水明の歴史的都市の風土・文化を生かした美しい川づくり「京の川づくり」事業が進められた。

堤外地だけでなく堤内地にも目を向けると、様々な治水対策が行われてきたことがわかる。その一つに、下水道の整備や南区・伏見区を中心にした排水機場の建設がある。さらに、雨水の貯留・浸透施設に関しては、最大時間雨量六二㎜まで処理することができる雨水貯留施設が左京区と伏見区に計四カ所建設されたが、そのほかの区では十分ではない。浸透機能を備えた舗装は、急激な流出を抑える効果があるが、目詰まりや強度面の技術的な問題があり、一部分しか敷設されていない。

また、洪水時における避難対策としては、水防警報や洪水情報を伝えることが取り決められている。鴨川は一級河川であるが、京都府の管理となっており、水位が指定水位・警戒水位に達した場合または達する恐れのある場合に、水防警報が発令される。また、鴨川・高野川は、洪水予報河川に指定されていて、それぞれ特定区域を対象に気象台と京都府が降水量と水位を予測する。荒神橋水位観測所の水位が警戒水位に達する恐れのある場合は洪水注意報が、危険水位に達する恐れのある場合は洪水警報が、国・府と気象台から共同で発表される。これらの情報はテレビなどの報道機関を通じて地域住民に伝えられる。さらに、平成一六（二〇〇四）年からは鴨川・高野川の洪水予報情報が府のホームページ上でも公開されるようになった。また、現在では、避難場所や避難経路・緊急連絡先などを記した洪水ハザードマップが作成され、全戸に配布された。このように最近では、洪水情報の伝達や予警報システムといった警戒避難体制も充実してきた。

市内には広域避難所や一時避難所などの防災拠点が全体で四〇〇カ所ほどあって、堤防の決壊や洪水の氾濫状況に応じて、その都度適当な場所が指定される。ところが、洪水発生時は、消防局職員は最前線で活動するため、避難誘導を行うことは現実の問題としてできない。そのため、避難活動は主に地域住民やＮＰＯに代表される各種ボランティア団体、区が主導して行うことになる。特に、高齢者を中心とした災害弱者の避難については、近くの地域住民の協力が不可欠となる。

高齢者対策を重点において活動している自主防災組織などもあるが、高齢者の個人情報などに関して取り扱い上の問題もあり、効果的な活動が難しいのが現状である。さらに、避難所に関してはバリアフリー化、透析患者などのための水の確保、広域的な医療・搬送体制の整備、乳児の離乳食などの食事の整備などがまだ十分ではなく、課題も多く残っている。

六　おわりに

鴨川流域においては、災害の中でも、地震と共に洪水に対しても十分な取り組みが必要となる。ただ、洪水の場合、地震とは違って発生させないようにすることはある程度可能となる。従って、洪水を起こさないようにする対策と共に、起こってしまったら被害をできるだけ小さくする対策を重点的に考えておかねばならない。

本章では、土木的な治水対策や避難対策など様々な面から総合的治水を検討してきた。特に、洪水の特徴を認識した上で、どのような対策がとられてきたのかを知り、その地域がどのような地形で浸水しやすいかどうかを承知しておかねばならない。さらに、そこにどのような災害弱者がどの程度居住しているかを知っておくことなどが重要であることを述べてきた。治水対策は、土木的なものに焦点があてられがちであるが、避難対策なども含めたまさに総合的治水が必要とされる時代にきているのである。

文献

足利健亮編（一九九四）『京都歴史アトラス』中央公論新社

新井正・新藤静夫・市川新・吉越昭久（一九八七）『都市の水文環境』共立出版

京都市住宅局建築指導部審査課監修・建築行政協会京都支部編（一九八六）『京都市内ボーリングデータ集』大龍堂書店

京都市役所編（一九三六）『京都市水害誌』京都市役所

京都市建設局（一九九三）『京の川』京都市

京都府総務部消防防災課・土木建築部河川課編（二〇〇三）『鴨川の「万が一」の洪水に備えて―鴨川浸水想定区域の策定―』京都府

日下雅義（一九六九）「都市圏の災害現象―とくに山城盆地の水害について―」（研究代表者小林博『西日本における都市圏の研究』昭和四三年文部省科学研究費助成金による総合研究中間報告）

毎日新聞社編（一九五九）『鴨川―生きている京の歴史―』毎日新聞社

吉越昭久（一九九八）「都市域における水文環境の変化―京都を事例とする予察的研究―」立命館文学五五三

第三部　鴨川の文化と歴史

第一〇章
鴨川の礎を築いたカモ氏の軌跡

赤澤みさき

一　はじめに

鴨川流域では、遅くとも縄文時代には人々の生活が行われていた。その痕跡は、左京区修学院・北白川・京都大学構内などにみられる。平安遷都以前になると、カモ氏が鴨川流域の開拓と統治を行うことによって、平安京造営につながる基盤を整備したことが知られている。カモ氏の果たした役割は、この時代における鴨川流域の歴史を考える上で軽視できない。平安時代以降も、カモ氏は上賀茂神社（賀茂別雷神社）・下鴨神社（賀茂御祖神社）の神職として京都の祭礼と文化にかかわり、さらにその後、鴨長明や賀茂真淵を輩出したカモ氏は、鴨川と京都の歴史を語る上でも重要な存在であった。

本章では、平安遷都以前のカモ氏に焦点を当て、中村修也などの先行研究をもとに、カモ氏の軌跡をたどってみたい。また、カモ氏の足跡が現在の京都にどのような形で残存しているのかについて、これまであまり取り上げられてこなかった久我神社に着目し、歴史の記録を継承することの現代的意義についても考えてみたい。なおカモ氏は、賀茂氏・加茂氏・鴨氏・加毛氏などと表記されることがあるが、本章ではカタカナ表記を用いておきたい。

二　伝承からみるカモ氏

カモ氏の登場

カモ氏は、山城国葛野郡を本拠地とし、上賀茂神社・下鴨神社の神職を務めてきた祭祀的地方豪族として位置づけられる。カモ氏の起こりについては、『山城国風土記』（逸文）に記される由来がしばしば用いられてきた。それによれば、カモ氏は天孫降臨に従った神々のひとり、賀茂建角身命《かもたけつぬみのみこと》を始祖とする。この賀茂建角身命は神武東征に従い、現在の奈良盆地に移住したとされる。下鴨神社の神職を務めてきた鴨《い》脚《ちょう》家に伝わる『新撰姓氏録』によれば、賀茂建角身命は東征時、大烏に姿を変えて神武一行の道案内をして、この功績により「天八咫烏」の称号を授けられたという。

やがて賀茂建角身命は、大倭葛木山の峰に居を定めたとされる。その後、カモ氏は以下に示すような経緯をたどり、現在の上賀茂神社近傍へ移住した。葛木を出たカモ氏は、奈良盆地を北上し平城山を経て、山城国岡田の賀茂に至った。岡田の賀茂とは、現在の木津川市にある岡田鴨神社付近と推定されている。カモ氏は、そこから木津川を下り、桂川を遡り鴨川との合流点に達した後、今後について合議をした。『山城国風土記』（逸文）によると、賀茂建角身命は二つの河川の合流点に立って、鴨川に進むことを決意したという。この地には現在、賀茂建角身命を主神とする久我神社が存在しているが、それについては後述したい。こうしてカモ氏は、鴨川を遡行して、最終的には「久我国の北の山基」に落ち着いたという。現在の上賀茂神社（写真10－1）周辺がその地として比定される。

以上が京都上賀茂にカモ氏が定着するまでの伝承である。これらの伝承からも、カモ氏のうちの一部は、奈良から京都に移住してきたことは推測できる。

古代豪族としてのカモ氏

井上光貞は、古代豪族のカモ氏には「カモ神社の神官」と「律令国家の官員」の二つの性格があったと述べている。しかし、律令国家の官員ならば、なぜ王権の中心から遠い京都盆地の北端に本拠を定めたのであろうか。井上によれば、律令国家におけるカモ氏は「天八咫烏」伝説にみられるように天皇家と深い関係にあり、朝廷においても公的な政治力を行使するというよりはむしろ近習として奉職する立場にあったとする。古記録に残るカモ氏の職務としては、主殿寮（天皇家の薪や炭をつかさどる）と主水司（天皇家の水や氷をつかさどる）であったという。

前述のカモ氏の伝承にあった移動経路がすべて「水」に沿っていたことは、水を扱うカモ氏の職掌を考えれば自然なことと理解できる。山地を背後に控える上賀茂神社・下鴨神社は、現在も良水とのかかわりで知られており、この地はカモ氏の職務からみても好適な環境にあり、そこに定着する意味があったので

写真 10－1　上賀茂神社楼門

ある。

カモ氏の定着

京都盆地に移住してきたカモ氏であるが、前述の移住にまつわる伝承は、カモ氏にとって自らのルーツを構成する上で極めて重要な要素となっていた。上賀茂神社・下鴨神社というカモ氏ゆかりの神社の主神である三柱のうち、氏祖である賀茂建角身命を除く二柱（玉依比売命《たまよりひめのみこと》、別雷神《わけいかづちのかみ》）は、この移住の過程で生まれたとされていたからである。

玉依比売命と別雷神誕生の経緯は、丹塗矢《にぬりや》伝説として知られている。『山城国風土記』（逸文）によれば、久我の地についた賀茂建角身命はここで丹波国神野の伊可古夜日女《いかこやひめ》と婚姻し、玉依日子《たまよりひこ》と玉依日売《たまよりひめ》の二人の子を得たという。玉依日売が河原で遊んでいると、上流から丹塗矢が流れてきた。彼女はそれを家に持って帰ったところ、しばらくして結婚していないにもかかわらず妊娠し子を産んだ。これが別雷神であるという。

これを単なる氏族由来記でなく、古代の山城地方への入植にまつわる伝承としてとらえると、この丹塗矢伝説に関する以下のような別の意味がみいだせるという。すなわち、木津川沿いに北上してきた奈良の豪族（賀茂建角身命）が鴨川と桂川の分岐点（久我）で桂川上流部（丹波）の姫と婚姻し、さらに生まれた子（玉依比売命）が再び桂川上流とのかかわりの中で子（別雷神）を生んでいる。このように桂川と関係を持ちつつ、鴨川上流に移住している。さらに、移住の過程での婚姻で生まれた子が、その後のカモ氏の族神として後代まで崇拝されている。これらのことは、カモ氏が先住の勢力と関係を構築しながら、河川に沿って京都盆地に入植・定着していく過程を示していたのではないだろうか。

丹塗矢は桂川の上流から流れてきたとされ、現在松尾大社に祀られている。『神道大辞典』によれば、松尾大社の主神は大山咋神《おおやまくいのかみ》であり、それが丹塗矢に化身して玉依比売を妊娠させ、賀茂別雷神を生ませたとされる。松尾大社はこの地方の古代豪族、「秦氏」と深い関係にある神社である。カモ氏は、まず桂川下流部の久我に落ち着き、先住の勢力であった秦氏と姻戚関係を結びながら京都盆地の北部へ入っていったのである。

カモ氏と秦氏

秦氏は渡来人系の豪族で、優れた仏師を輩出する一方、大陸伝来の土木技術を活かした治水や開拓工事を得意とし、カモ氏と同様にその職務をもって天皇家に仕えていたといわれる。五世紀ごろ、秦氏は拠点を京都太秦周辺に移し、桂川流域の「葛野県」を開発して、絶大な勢力を誇った。

これまで述べてきたように、賀茂建角身命と玉依比売命の二代にわたる丹波との婚姻、その後の鴨川方面への進出に関わるこれらの伝承は、カモ氏が秦氏と姻戚関係を結びつつ、互いの勢力範囲を分けて共存する戦略をとったことの表れであろう。カモ氏が現在の地に移住したのは、伝承では賀茂建角身命の時代となっているが、秦氏との関係からすれば実際には六世紀頃のことであった。こうしてカモ氏は賀茂の地に定着し、積極的に土地開発を行って次第に勢力を伸ばしていった。

八世紀初頭には、賀茂神社は既に強大な地方大社として大きな影響力を有していたという。そして八世紀末に平安京が開かれると、賀茂神社は伊勢神宮に次ぐ格の大社として朝廷の祭祀体系に位置づけられ、神社の祭である葵祭（第一一章参照）は朝廷を挙げての祭祀となった。

三　久我神社におけるカモ氏の足跡

カモ氏と現在の京都との結びつきは、上賀茂神社・下鴨神社や葵祭を通してとらえられることが多いが、カモ氏が京都上賀茂に定着するまでの経緯も軽視できない。実際に、カモ氏の移住過程における足跡は、各地に史跡として残っている。特に、カモ氏が一旦落ち着き、京都上賀茂への入植のための準備をした久我の地は、上賀茂神社・下鴨神社の祭神が生まれた場として重要である。そこで、上賀茂神社・下鴨神社に至るまでのカモ氏の足跡を、久我神社を通して辿ることができないかどうか試みた。

久我の名を持つ神社は、京都には上賀茂神社の摂社である久我《くが》神社（北区紫竹）と久我《こが》神社（伏見区久我）の二社あるが、ここで注目したいのは後者である。特に注記のない場合、本章における久我神社は、後者を指す（写真10－2）。

久我神社は、『延喜式神名帳』に記載されたいわゆる式内社の一つとして知られる。祭神は賀茂建角身命、玉依比売命、別雷神の三柱であり、前述のように、いずれもカモ氏の族神

写真 10 - 2　久我神社

である。社伝によると、久我神社はカモ氏が一旦当地に居をすえ、祖先を祀ったことに由来するという。

久我神社に前述の内容を示す史料などが存在しないかどうか、宮司に聞き取り調査を行った。その結果、以下のようなことが判明した。久我神社は由緒ある式内社とはいえ今日の規模は小さく、現在の宮司も近隣の神社と兼任しているという。久我神社は、近世に一度断絶し、神宮寺として社僧に管理が引き継がれた。その後、明治時代初期の神仏分離令に伴い、新たな宮司（現宮司の曽々祖父）が迎えられた。久我神社の由緒は、神社に史料などが残っていなかったため、上久我の旧庄屋・辻家に残されている江戸時代に編纂された『老諺集—山背国乙訓郡久我里風土記—』によっているという。

久我神社の場合、このような理由のために、この課題についての史料を得ることができなかった。本章で新たな試みを行ってみたが、歴史時代の様々な事情は、他の社寺や朝廷・政府などの史料から類推するしか方法はなく、これまでと違った議論をするまでには至らなかった。

四　おわりに

本章では、鴨川に果たしたカモ氏の役割については充分な検討ができなかったが、鴨川とカモ氏とのかかわりについて、伝承を通してある程度指摘することができた。

現在、我々は当然のことのように河川としての鴨川に接している。しかし、現在の鴨川が存在するのは、カモ氏に代表されるような人々による歴史の積み重ねがあったからであることは疑いがない。しかし、我々が振り返る歴史は完璧な史料を備えた「歴史」ではなく、かなり散逸した史料から得られた「歴史」

でしかない。そのため、現在の鴨川流域の基盤整備に貢献したカモ氏の足跡について、確たるものをみつけだすことができない歯がゆさを感じる。久我神社のように、歴史の一部が史料や記憶から失われてしまうと、それを復元することは難しくなるのである。

我々は過去の歴史のより正確な復元を行うために、現在の我々の存在が歴史となることを自覚して、その正確な記録を残すことに努めねばならないだろう。

文献

秋本吉郎校注（一九五八）『風土記』日本古典文学大系二　岩波書店
井上光貞（一九八五）『井上光貞著作集　第一巻　日本古代国家の研究』岩波書店
加茂町史編さん委員会編（一九八八）『加茂町史　第一巻　古代・中世編』加茂町
京都市編（一九七〇）『京都の歴史一　平安の新京』学藝書林
下中彌三郎編（一九八六）『神道大辞典』臨川書店
関晃（一九五六）『帰化人―古代の政治・経済・文化を語る―』至文堂
中村修也（一九九四）『秦氏とカモ氏―平安京以前の京都―』臨川書店
山尾幸久（一九八三）『日本古代王権形成論』岩波書店
大和岩雄（一九九三）『秦氏の研究―日本の文化と信仰に深く関与した渡来集団の研究―』大和書房

第一一章
鴨川と葵祭

牛嶋沙織

一　はじめに

京都では、毎日どこかで開催されているといわれるほど、祭が多い。その中でも、上賀茂神社・下鴨神社の葵祭、八坂神社の祇園祭、平安神宮の時代祭は京都三大祭といわれ、京都を代表する祭である。葵祭は、勅祭（天皇の使者である勅使が派遣されて執り行われる祭）であり、石清水八幡宮の石清水祭、春日大社の春日祭とともに日本三大勅祭の一つでもある。

古来より、河川が多くの祭礼行事と強く結びついてきたように、葵祭も京都の代表的な河川である鴨川と深くかかわってきた。そこで、葵祭に関する物語や絵巻、文献史資料を用いてその成立と経過を考えると共に、葵祭と鴨川の関係についても触れてみることとする。本章は、葵祭を通して鴨川とのかかわりを明らかにすることを主眼とする。

二　葵祭の成立とその概要

上賀茂神社と下鴨神社

葵祭は、奈良時代に起源を持つといわれる賀茂社の祭である。賀茂社は現在では上社（上賀茂神社、正式名称は賀茂《かも》別雷《わけいかづち》神社）と下社（下鴨神社、正式名称は賀茂《かも》御祖《みおや》神社）の二つに分かれており、それぞれの祭神は賀茂別雷命および玉依《たまより》日女命《ひめのみこと》・賀茂《かも》建角身命《たけつぬみのみこと》である。上社と下社は、もとは一つの神社であったが、奈良時代に分裂して以降、祭礼を除き別の法人として運営されてきた。これは、ほかに類をみない賀茂社の特色といえよう。

賀茂社の祭神は、もともと山城国の地方豪族である賀茂県主氏の守護神であり、『山城国風土記』（逸文）にはその祭神誕生の神話（第一〇章参照）と、賀茂祭の由来が記されている。賀茂社は賀茂氏の隆盛と共に地位を高め、嵯峨天皇の時代の弘仁一〇（八一九）年には、その祭を伊勢神宮と同格にするという厚遇を受けるようになった。これ以降、賀茂社の祭は、勅使奉幣を受けるなど国家祭祀の対象として丁重な扱いをされてきた。伊勢神宮は神階を持たず天皇と同格であったのに対して、賀茂社は正一位を与えられ臣下とされており、これは現在でも変わっていない。

葵祭の歴史

葵祭とは江戸時代以降になって呼ばれるようになった俗称で、正式名称を賀茂祭という。賀茂祭は奈良時代直前に正史に記載がみられるようになり、『続日本紀』には、騎射が催され諸国の民が集まって騒擾状態になり危険なため、朝廷が度々禁令を出したという記述がある。賀茂祭がよく知られた由緒正しい祭であっただけでなく、朝廷の監視対象でもあったことが伺える。

都が長岡京から平安京へと遷《うつ》ると、賀茂社は朝廷の篤《あつ》い崇敬を受けるようになった。嵯峨天皇の弘仁年間には天皇の皇女が賀茂の神に奉仕する斎院制度が成立し、賀茂祭には中祀に準ずる祭として朝廷から勅使が派遣されるようになって、現在の賀茂祭の原形ができあがった。

当時の祭の概要についてであるが、『京の葵祭展―王朝絵巻の歴史をひもとく―』によると、平安時代後期の賀茂祭では、神社側の祭である御阿礼祭と御蔭祭、斎王御禊、朝廷の警固儀、摂関家の奉幣、朝廷の奉幣が行われた。これらは陰暦四月の中の午《うま》日に行われた祭で、御阿礼祭（神を本殿に迎える儀式）は上社で、御蔭祭（神を神社に迎える儀式）は下社で執り行われていた。斎王御禊とは、賀茂祭の勅使奉幣の儀に先立って、斎王が罪穢れを祓うために鴨川で行われた儀式である。警固儀は、元来ときの摂政・関白が両社に詣でた朝廷儀式であったが、世襲制摂関家の成立により摂関家の行事となって以降、勅使奉幣の前日に行われるようになった。勅使の奉幣は、朝廷で奉幣の勅使が任命され出発するときの宮中の儀のほか、両社へ赴く際の行列路頭の儀、両社で奉幣を行う社頭の儀、朝廷に帰還した後の還立の儀から成っていた。行列は徐々に華美になり、それが頂点に達する平安時代後期には、朝廷の抑制さえ効かないほどであったという。

しかし、鎌倉時代以降、朝廷に対する幕府の干渉が強くなり、建暦二（一二一二）年になって礼子内親王が病気で退位すると賀茂社の斎院制度は廃止され、一三世紀になると摂関家の賀茂詣も廃止されることとなった。

室町時代には、幕府の下で賀茂祭が行われるように変わった。当時の賀茂祭について『賀茂祭絵巻』によれば、多くの人々が祭に参加し、その内容も平安時代後期を意識したものであったようだ。しかし、応仁・文明の大乱で状況は一変し、勅使奉幣の儀までもが廃絶されることとなった。以降、賀茂祭は宮中で行われる御内祭と、両社で行われる祭祀が残るのみとなった。

江戸時代には、幕府が朝廷の儀式を復活させたことと、両社の神職達の働きかけも加わって、元禄七（一六九四）年になって勅使奉幣の儀、宮中の儀、路頭の儀、社頭の儀が行われるようになった。しかし、賀茂祭は、明治一七（一八八四）年に岩倉具視の没後に、その京都復興策が提出されるまで再び中断された。明治時代以降の賀茂祭は、東京への遷都のために宮中の儀は行われなかった。昭和一七（一九四二）年、太平洋戦争によって賀茂祭はまた中断されたが、戦後、葵祭行列協賛会が中心となって葵祭を復興する動きが現れ、昭和二八（一九五三）年、路頭の儀と社頭の儀が行われるようになった。その後、昭和三一（一九五六）年、斎王の代わりに祭に奉仕する「斎王代」が選ばれ行列にも参加するようになり、祭が華やかさを取り戻した。

葵祭は、概略的に以上のような歴史をたどって現在に

写真 11-1　葵祭

至っている（写真11-1）。

三　斎王御禊と鴨川

斎院の儀式

さて、賀茂社が持つ特徴の一つに斎院制度がある。これは伊勢神宮に仕える斎王と同じように、未婚の皇女を斎王として派遣して神に奉仕させるもので、このことは賀茂社が伊勢神宮とほぼ同格の待遇を受けていたことを意味している。伊勢神宮の斎王が斎宮と呼ばれたのに対して、賀茂社の斎王は斎院と呼ばれた。

賀茂社の斎院は、弘仁元（八一〇）年に、初代に有智子内親王を定めたことに始まった。斎院の住まいとして、洛北・紫野に御所と斎院司が設けられ、数多くの官人や女官などの役人達が仕えた。斎院の主要な役割は、初夏に行われる賀茂祭と冬に行われる賀茂臨時祭に参列することで、それ以外は居宅から外にでずにひたすら精進の日々を送った。

賀茂社の斎院は、賀茂祭に先立って鴨川で禊をする儀（斎王御禊）を行っている。斎王御禊は、鎌倉初期で終焉を迎えたが、貴族の日記やそのほかの史料などから、その内容を以下のように復元することができる。

まず、祭の前に陰陽寮によって御禊日の選定が行われた。御禊日は、『延喜式』などでは単なる「吉日」としか記されておらず、日程は固定されていなかったようであるが、一〇世紀初め頃に御禊日を午日と定め、以後それが定着した。その後、御禊が行われる一〇日ほど前に、御禊にあたって斎院の行列に参加する前駈や次第使が決定された。御禊地は、毎年鴨川の河原と決まっていた。御禊当日には、最初に天皇が清涼殿東廂で斎院の乗車する牛車をみる儀が行われた。その牛は斎院御所に送られ、斎院もみることになっていた。それに続いて、天皇が行列に加わる蔵人所前駈とその乗馬の様子をみる儀が行われた。様々な儀が行われた後に、斎院は鴨川に向かったが、その行列は総勢二五〇名程度であった。また、御禊は概ね夕刻に行われ、斎院が御所に帰り着いたのは夜であった。

このように、斎王御禊はシンプルな儀式であったが、この斎院の行列を見物するために多くの人々が集まった。『源氏物語』葵巻にも御禊当日の様子が記載されており、当時の賑わいが思い起こされる。その中で、葵の上と六条御息所の車争いはよく知られており、その様子を描いた車争い図屏風（図11-1）も残されている。

鴨川とのかかわり

ここで、斎王御禊が行われた場所が重要になる。その場所は、

図 11-1　車争い図屏風（左隻）
（京都市歴史資料館蔵）

毎年あらかじめ陰陽寮の官人達によって占われ決定することとなっていた。その具体的な様子は『江家次第』の「御禊地点」にみることができる。斎王御禊そのものではないが、斎院が行った一般的な禊の場所については、『左経記』寛仁元（一〇一七）年九月二一日に記述があり、斎院は一条大路を通って、鴨川の二条河原、一条河原に出て御禊をしていたことがわかる。

大嘗祭の際には、天皇も御禊を鴨川で行っており、このことからも鴨川が神聖視されていたことが伺える。鴨川は賀茂社とも関係が深く、祭に多くの人々を集めることで朝廷権力を誇示するにも好適であったのであろう。また、一条河原、二条河原は葬送の場から離れていて、鴨川の中でもこの付近がより神聖であると判断されたのであろう。

なお、現在の祇園祭でも神輿洗式を鴨川で行うなど、葵祭だけでなく、ほかの祭でも鴨川との深いかかわりが認められる。

四　おわりに

現在行われている斎王代禊神事は、昭和時代になってから始められた儀式である。毎年、京都の独身女性が斎王代として選出され各種神事に奉仕しているが、そのもととなる行事が前述の賀茂祭の御禊の儀であった。斎王代禊は五月上旬、賀茂祭の一環として行われるもので、鴨川そのものではなく、その支流にあたる両社境内にある御手洗川において隔年交代で行われている。

では、御禊地が鴨川から御手洗川に変更された理由を考えてみたい。まず、現在の斎王代禊神事の主目的が往時の賀茂祭の華やかな姿を蘇らせることにあり、鴨川という御禊地点そのものを重要視しなかったのではないかということがあげられる。さらに、昨今の交通事情などを考慮すると鴨川まで赴くことが難しかったことや、公的権力を誇示する必要性が薄れたことなどもあって、結果的に両社の御手洗川で行うことを選んだのではないだろうか。さらに、鴨川が当時の宗教的な聖地性を失いつつあったことを加えてもよい。このような様々な理由を指摘できるが、賀茂祭の中での鴨川に対する重要性は相対的に減じてきていることは確かであるが、それでも鴨川とのかかわりは深いものがある。

文献

岡田精司編（一九九七）『古代祭祀の歴史と文学』塙書房
岡田精司（二〇〇〇）『京の社―神と仏の千三百年―』塙書房
朧谷寿（一九九五）「賀茂祭管見―平安朝の文献にみる祭の様相―」賀茂文化研究四
京都文化博物館学芸第二課編（二〇〇三）『京の葵祭展―王朝絵巻の歴史をひもとく―』京都文化博物館
佐伯有清先生古稀記念会編（一九九五）『日本古代の祭祀と仏教』吉川弘文館
中村修也（一九九四）『秦氏とカモ氏―平安京以前の京都―』臨川書店
建内光儀（二〇〇三）『上賀茂神社』学生社
所功（一九九六）『京都の三大祭』角川書店
古橋信孝（一九九八）『平安京の都市生活と郊外』吉川弘文館
丸山裕美子（一九九〇）「平安時代の国家と賀茂祭―斎院禊祭料と祭除目を中心に―」日本史研究三三九
三宅和朗（二〇〇〇）『古代の神社と祭』吉川弘文館
森谷尅久・山田光二（一九八〇）『京の川』角川書店

第一二章
鴨川の要衝・韓橋 ―架橋目的と衰退の歴史―

磯部真理

一　はじめに

鴨川にはこれまで大小様々な橋が架けられてきたが、『日本三代実録』で確認できる最初の橋は、九条坊門小路（現在の東寺通）に架けられていた韓橋《からはし》であった。韓橋は、平安時代初期における鴨川で唯一の本格的な橋であり、交通量も非常に多く要衝として機能していた。しかし、その研究は少なく、実態が判明しているとはいえない。

当時の平安京周辺に存在した山崎橋・宇治橋などの主要な橋は、七道駅路ないしは主要な津に造営されていたのに対して、韓橋には七道駅路が通っておらず、主要な津も近くになかった。このため、韓橋はなぜ山崎橋や宇治橋などの主要な橋に匹敵する要衝となり得たのかという疑問が残る。

そこで本章では、韓橋が造成された目的と、それが当時の交通に果たしていた役割を検討し、その後廃絶を余儀なくされた過程とその要因を考えてみたい。この考察を通して、韓橋と鴨川とのかかわりを明らかにしてみよう。

二　平安時代の鴨川と韓橋

鴨川の地形環境

平安京造営時、鴨川は広い河川敷に浅い流路が網状に流れる景観を呈しており、人々は通常徒歩で渡河していた。平安京付近の鴨川は、地形的に扇状地の扇央部を流れていたことから、通常時の河流は伏没して水量はさほど多くなかった。その反面、鴨川は頻繁に氾濫し、その度に河川敷の中で流路を変えてきた。このような状況は、一〇世紀末～一二世紀初頭にかけて鴨川が下刻《かこく》（河川の水流が川底を浸食すること）されるまでの間、継続した。

長大な韓橋

前述したように、当時の一般的な渡河の方法は主要街道においても徒歩によっていて、たとえ橋があったとしても舟や杭の上に板を渡しただけの簡易な「浮橋」ないしは「仮橋」であった。橋桁を持つような橋は限られていたことが、『延喜式』の記載などからわかる。韓橋がどのような構造の橋であったかという明確な記録はないが、朝廷の管理がなされていたこと、度々焼損したことなどの記録があることから、堅牢な構造の長大な橋であったことが伺える。

鴨川のような中小規模の河川に、このような大規模で堅牢な構造の橋が必要であったのかという疑問が残る。鴨川の水勢や流路が頻繁に変化したことなどから判断すれば、むしろ浮橋などの方が構造的に適していたのではないだろうか。以下の項で、その理由について考察してみよう。

三　韓橋の利用と架橋目的

韓橋の利用

韓橋は平安京の東南端付近にあって、そこは東方や南方に向かう街道にとっては、京の玄関口のような至便な位置であった。平安京から韓橋を渡ると、平城京へ向かう大和大路にでた。大和大路は東海道・東山道・北陸道とも連絡していたが、そこからさらに南下すると、平安京の外港として機能した宇治津に至った。宇治津は、琵琶湖から瀬田川を経由して平安京へ運び込まれる物資が陸揚げされた港である。ところで、平安京遷都後、「京の七口」が成立するまでは、山科口が東海道・東山道・北陸道の起点であった可能性が高い。山科は平安京から山一つ隔てているため、平安京と連絡する道が必要となるが、金田章裕はこの大和大路が連絡路としての役割を果たしていたとしている。

このように、韓橋は平安京と東方・南方を結ぶ街道、ならびに宇治川と大和大路を経由して平安京に至る琵琶湖水運とも繋がっていた重要な位置にあった。なお、韓橋は現在の位置でいうと、東海道

写真 12-1　JR 奈良線の鴨川橋梁

新幹線の鴨川橋梁のすぐ南にあるJR奈良線の鴨川橋梁（写真12－1）から一二〇mほど下流にあった。

日本では、明治時代における鉄道の開通まで、物資の運搬は道路交通と共に水上交通に頼っていた。平安時代においては、丹波からの保津川水運、西国から瀬戸内海を経て淀津に至る淀川水運、そして琵琶湖水運が平安京にかかわる主要な水上交通路であった。

これらの中で琵琶湖水運は、主に日本海側からの物資を平安京に輸送する役割を担っていた。『延喜式』主税式諸国運漕功賃条には琵琶湖経由の水運ルートとして、一旦大津に物資が集積され、逢坂の関を経由して陸路平安京へ運ばれたとあるが、『延喜式』木工寮式車載条を併せて考えれば、木材など重量のあるものは、大津から前述の宇治川（宇治津）経由で大和大路を通ったものとみられる。しかし、いずれにせよ平安京に至る途中で韓橋を通ったことは疑いがない。

韓橋の架橋目的

ここまでの検討で、韓橋がこの場所に建造された理由や、ここが交通の要衝となった理由が判明した。平安京造営当初、東海道や東山道は以前からの道を踏襲しており、三条や五条から山科を越える道はまだ開発されていなかった。また、平安京と平城京を結ぶ大和大路は極めて重要な主要街道であった。韓橋は、平安京と東海道、東山道、北陸道、宇治津（琵琶湖水運）を結ぶ最短の地点にあったために、この地でなければならなかったといえるのである。

しかしそれでもまだ、徒歩による渡河ができた鴨川になぜ韓橋のような大規模な橋が必要であったのかという疑問が残されている。そこでその理由として、韓橋の架橋目的が、租税物資や人員の運搬のほかにもあると仮定してみたい。ここで注目すべきことは、近江が畿内への主たる木材供給地であった点である。近江の甲賀郡、高島郡は藤原京以来、宮城建築用材を供給しており、古代における最大の木材産出地であった。また、伊賀を中心とした木津川流域にも国家が管理した広大な杣山《そまやま》が存在した。一方、平安京の造営にあたっては丹波の木材も多く使われ、木材運搬用の運河として堀川が開削された。丹波からの木材は桂川から堀川を経て平安京に運ばれた。伊賀からの木材は木津川から桂川、堀川を通ったが、近江からの木材の相当量は宇治川の宇治津から大和大路を使って陸路平安京に向かったものと思われる。比較的平坦な大和大路であれば、陸路でもそれほど苦労せずに木材を運搬することができたであろう。また、前述の『延喜式』木工寮式車載条の記述が宇治津から平安京までの運送路の存在を示唆していることからも、この考え方は妥当であろう。ほかにも、平安京造営にあたっては、平城京の建物を解体して多くの用材や瓦が運ばれ、また平安京に移住する人々の家財道具も運ばれたが、これらの相当量も大和大路を使ったであろう。つまり、韓橋はこれらの重い物資を積んだ荷車を最短距離で平安京に搬入するために必要であり、しかも大規模で堅牢な橋として建造される理由があった。

四　韓橋の衰退と要因

律令体制のゆらぎと橋管理の変化

このように、平安時代前期には都の出入口の一つとして賑わった韓橋であるが、一〇世紀中期になると記録から姿を消してしまった。一〇世紀中期は日本の交通網が大きく転換した時期であり、このときに韓橋以外にもこの付近では山崎橋や勢多橋も廃絶した。この直接の要因は、国家による橋の管理がなされなくなったことにあるとされている。

この時期は、歴史の流れの中でみると律令制の転換期にあたる。律令制の建前上、土地はすべて国家の所有であったが、八世紀には既に貴族や大寺社が私的に管理する荘園の形成が始まっていた。そして、九世紀末には出挙が、一〇世紀後半には調庸が田率賦課となった。このような状況の中、摂関家や院が率先して荘園の構築に乗り出すようになって、地方豪族層はこぞって墾田を権門勢家に寄進したため、荘園は急激に増加していった。この反面、朝廷の徴税体制は形骸化し、平安京への租税物資の流れは滞っていった。こうして、当時の中央集権的な交通網は機能不全の状態になりつつあった。

朝廷政府への物資輸送の減少に伴って、朝廷が道路や橋を維持する必要性は薄れていった。またこの時期（一〇世紀）には、西日本で旱魃が頻発し、朝廷の財政を圧迫した。朝廷にはこの段階で道路や橋を維持する財力がなくなり、維持する必要性も薄れた。また、平安時代も半ばになると、近江の森林資源が枯渇した一方、丹波から桂川を下り平安京へ至る木材の輸送路が確立したことも韓橋を衰退させた要因となった。

鴨川と平安京の変容

律令国家の変質に伴って、平安京の都市構造も変容していった。九世紀後半から一〇世紀前半にかけて、鴨川は頻繁に洪水を繰り返した。洪水の多発によってすでに管理が行き届かなくなりつつあった韓橋に、この洪水はさらに大きな打撃を与えた。

仮に洪水によって橋が被災したとしても、渡河の需要が多ければ再建されたであろう。しかし、韓橋を通る物資輸送は減っていって、平安京の人々も韓橋を必要としなくなっていた。増淵徹が指摘しているように、摂関期の貴族層が生活・政治空間のコアとして維持すべき対象としていたのは六条以北であり、その中でもとりわけ二条以北だった。こうして、韓橋を含む平安京南部は、中心となる市街地から切り離されていくこととなった。

平安時代中期には平安京の市街地が北部に偏在するようになり、五条以北の鴨川にも橋が建設されるようになって、平安京北部の渡河環境は充実していった。それに伴って、平安京と東国との交通も三条や五条といった橋を用いて行われるようになった。

これに追い討ちをかけるように、一〇世紀末には鴨川の下刻が始まり、洪水は六条以南に集中した。この結果、平安京の左京北部は洪水に関して相対的に安全な場所になり、ここには市街地が集中して鴨川に更に多くの橋が架けられるようになった。これに対して、平安京の右京や南部は市街地がまばらとなり、韓橋の再建はますます絶望的となっていった。

古代律令国家の交通ネットワークの要として、平安京の玄関口の一つとして成立した韓橋は、律令体制のゆらぎと平安京の都市構造の変化の中で、歴史から消えていったと見做せる。

五　おわりに

本章では、韓橋の架橋目的と衰退の歴史について考察してきた。韓橋は平安京造営時の物資運搬、特に木材搬入のために、当時の主要交通路への接続に最も適した地点に架橋された。そして、平安時代前期においては平安京への木材や租税物資の搬入口として機能してきた。韓橋は、平安京を中心とした古代日本の交通ネットワークの要衝として造営され、運用されたのである。恐らく、韓橋は平安京に来る人々に対し羅城門（写真12-2）と共に、宮城の栄光の象徴としての威容を誇っていたに違いない。

しかし、韓橋は律令制と平安京に依存しており、律令制が少しでも機能不全に陥れば、その地位はたちまち危くなる存在であった。律令制に陰りがみえ、平安京の南部が衰退していった平安時代中期になると、韓橋は放棄されてしまった。

しかし、理由はそれだけでなく、韓橋の成立と衰退には、近江の森林資源の利用と衰退、および鴨川の洪水などの自然環境とその変化があったことも見落としてはならないであろう。橋が自然環境と人間社会の交差する場に存在するものである以上、その考察には両者を包括する視点が必要となろう。

写真 12-2　羅城門模型

（JR 京都駅構内）

文献

石田志朗（一九八二）「京都盆地北部の扇状地―平安京遷都時の京都の地勢―」古代文化三四－一二

泉谷康夫（一九九二）『律令制度崩壊過程の研究』高科書店

植村善博・上野裕編（一九九九）『京都地図物語』古今書院
河角龍典（二〇〇一）「平安京における地形環境変化と都市的土地利用の変遷」考古学と自然科学四二
金田章裕（一九九四）「郡・条里・交通路」古代学協会・古代学研究所編『平安京提要』角川書店所収
鈴木秀夫（二〇〇〇）『気候変化と人間―一万年の歴史―』大明堂
武部健一（二〇〇四）『完全踏査　古代の道―畿内・東海道・東山道・北陸道―』吉川弘文館
戸口伸二（一九九六）「平安京右京の衰退と地形環境変化」人文地理四八―六
平野邦雄（一九六四）「建築・土木工業」豊田武編『体系日本史叢書一〇「産業史Ⅰ」』山川出版社所収
福山敏男（一九四三）『日本建築史の研究』桑名文星堂
増淵徹（二〇〇一）「鴨川と平安京」門脇禎二・朝尾直弘編『京の鴨川と橋―その歴史と生活―』思文閣出版所収
村井康彦（一九九七）『平安京年代記』京都新聞社
横山卓雄（一九九四）「京都盆地の自然環境」古代学協会・古代学研究所編『平安京提要』角川書店所収
研究代表者　吉越昭久（一九九八）『河川景観とイメージの形成に関する歴史地理学的研究』平成八・九年度文部省研究費補助金基盤研究（C）研究成果報告書
吉越昭久（二〇〇四）『歴史時代の環境復原に関する古水文学的研究―京都・鴨川の河川景観の変遷を中心に―』二〇〇二年度・二〇〇三年度立命館大学学術研究助成報告書

第一三章
耽美派作家、長田幹彦・吉井勇がみた鴨川

岸田久美子

一　はじめに

京都は、年間約五〇〇〇万人もの観光客が訪れる風光明媚な歴史都市である。そこには、鴨川を舞台にして文学作品を執筆した作家達も訪れた。

本章では、京都に魅せられた作家達の中から、耽美派作家である長田幹彦と吉井勇に焦点をあて、鴨川とその作品との関係を考えてみたい。その方法として、彼らの小説や歌詞から鴨川に関する箇所を抜粋し、そこにどのような思いを込めたのかを求めてみることにした。

二　長田幹彦・吉井勇とは

耽美派

耽美派とは、欧米で一九世紀後半に現れ、耽美主義を信奉し美の創造を芸術の唯一至上の目的として追

求した一派のことである。この耽美主義とは、美の享受・形成に最高の価値を置く芸術思想をいう。こうした欧米の文学思潮の影響を受けて、日本でも耽美主義文学が明治時代末期から大正時代初期にかけて文壇の主流を占めた。

その後、大正五（一九一六）年に赤木桁平が耽美主義文学を放蕩文学であるとして攻撃した。つまり、遊蕩文学の特質は現世的・主情的・享楽的・片面的・気質的・回避的だとしたのである。それを契機にこの文芸思潮は翳りをみせていくようになった。

本章で取り上げる長田幹彦と吉井勇は、谷崎潤一郎・三島由紀夫・永井荷風などと共に、耽美派の代表的作家であった。

長田幹彦と吉井勇の関係

長田幹彦は小説家・歌謡作者であり、吉井勇は小説家・歌人・劇作家でもあった。二人は長田の兄で、耽美派の小説家・劇作家でもあった長田秀雄の影響で知り合い、親しくなった。共に若い頃から祇園などの紅燈の巷を愛し、冴えた目で優れた好色物を書いた。長田は京都に留まり、四季の風物や年中行事に心を寄せ、祇園の風俗に耽溺しつつ芸妓や舞妓たちに親しみ、また娼妓や尼僧に接して情話文学の作品をうむ素地を培うこととなった。大正五（一九一六）年には、『祇園画集　舞姿』という長田の小説に吉井の短歌、中沢

写真 13 - 1　祇園小唄の歌碑

弘光の画を載せた豪華な作品を合作し出版した。それ以降も、「祇園もの」を多く手掛けていった。京都に馴染みの深い長田の功績をたたえ、昭和三六（一九六一）年には円山公園の枝垂れ桜の横に「祇園小唄」の歌碑（写真13-1）が建設された。

一方、吉井は若い頃は日本各地を点々としたが、五〇歳を過ぎてからは京都に移り住み、紅燈歌人として多くの歌集を残した。「都をどり」の歌詞の制作に力を注ぐなど芸術文化・観光など多方面で京都のために尽力した吉井を偲んで、毎年一一月には歌碑の前で「かにかくに祭」が行われている（写真13-2 かにかくに歌碑）。

長田と吉井は、毎日飲み明かし祇園で雑魚寝して過ごした。長田幹彦全集に収録された『わが青春の記』に「吉井君とは、しかし、實によく飲んで歩いた。身ぐるみ質において、四日でも五日でも飲みぬけて歩く相手は、吉井君よりほかにはなかつた。…狭斜の巷なら、山野河川溝渠、いかなる場所といへども平然悠々として没入していく。その勇気、胆略は、剛強そのものであった」と遊蕩生活のことを記している。

写真 13-2　かにかくに歌碑

長田と吉井は快楽的な生活を送り、多くの作品を残した。それは祇園という町があってこそ可能であったと思われる。ほかの町とは違い、京都では遊郭やお茶屋が隠されるということはなかった。むしろそこが水や風と合わさって風情を醸しだしていたと考えられ、彼らは贅沢を忘れた日本の中で古風な日本的風物をたたえる祇園に、ある種の異国を見いだしていたのではないだろうか。

彼らの作品の特徴はその色艶であるが、その舞台が京の紅燈の巷であるところにもまた特殊な味わいがある。自虐や苦悩ではなく、花街の風物とそこに生きている女性とのかかわりの中で展開される享楽性を主題にしており、それはまるで趣きある舞台装置の下で演じる俳優の華やかさを思わせる。こうして長田と吉井は、頽唐《たいとう》享楽の歌風の振幅を広げていったのである。

三　二人の作品にみる鴨川

長田幹彦の作品

長田幹彦全集にある『祇園』には、長田が初めて花街へ遊びに出掛けたときのことを記している文章がある。「祇園町と先斗町の二つの廓をつないでゐる狭い橋を渡つた　欄干の低い、何処となく野趣を帯びた粋な橋だつた　丁度月は頭の上から濕つぽい光を投げて加茂川の水は銀鱗のやうに細かく輝いていた…「此処が京都で一番雪の名所なんですせ…」と言って、私の憧憬に更にもう一つの鍵盤を加へさせた」。長田の作家としての才能はこの作品から開花していった。さらに同じ全集の『祇園夜話（鴨川）』には、「千鳥のなく冬の寂しさにひきかえて、鴨川の夏景色ほど心憎いものはない。京都の夏の美はこのひと筋の河瀬を中心として織りなされ、すべての生命は口健に歌を呟いてゆくそのせせゝらぎのなかゝら生まれ出てくるのである」と記されている。このように、長田には鴨川に対する思いが強くあったのであろう。

また、長田は数多くの童謡を残しているが、鴨川を題名にした歌も制作していた。例えば、鴨川小唄の歌詞は、以下に示した通りであり、そこから長田がいかに鴨川をイメージしていたかが伺える。なお、この歌詞は、その後レコードが発行された際のもので、最初の歌詞とは若干異なっている。

【鴨川小唄】

宵の木屋町　月あかり
床のすだれに　ぼんぼりの
風もなまめく　京なまり
山は宵山の　灯で燃える
気つい気やないか　どうどすえ

祇園囃子の　にぎわいに
四条三条は　さんざめく
水の川瀬に　夏の夜も
浮名立つ瀬を　かしましく
気つい気やないか　どうどすえ

浮かれ浮かれて　先斗町
通いなれたる　細路地の

かどの行き来も　酔い心地
今日は祭りや　踊りまほ
気つい気やないか　どうどすえ

柳がくれの　月あかり
橋のぎぼしに　風うけて
露にぬれそな　びんつきも
無言まいりの　後ろ影
気つい気やないか　どうどすえ

吉井勇の作品

『酒ほがひ』にある「かにかくに祇園はこひし寝《ぬ》るときも枕の下《した》を水のながるる」という歌は吉井の代表作である。「枕の下を水のながるる」の水とは白川のこととされるが、『洛北随筆』には「枕の下を流れている水の音は、大和橋の下をくぐる白川のせせらぎでもよければ、河原蓬の間を流れている加茂川の水のひびきでも関はないというだけの歌なのである。伝わってくる水の音が、何時までも耳について忘れられない」とある。また、『草珊瑚』には「さうして私はまた新たに狂ほしいやうな旅の愁を感じなければならなかつたのであつた。しかしこの時唯一つ私の旅の愁を慰めて呉れるものに、あの加茂川のせせらぎの音があつたことを私は如何しても忘れることが出来ない。河岸の宿の仇し寝に、枕に通ふ水の音を聴いて、私は何を夢見たであらう」という文章を残している。さらに、『吉井勇全集』にある『祇園冊子』には鴨川が多く登場してくる。「女紅場の提燈あかきかなしみか加茂川の水あをき愁か」という歌は都踊りの養成所の提燈の赤色をみても、青々とした鴨川の風景をみても悲しみがこみあげ、何をしていても気分が憂鬱な様子を表している。また、「やみあがり吉弥がひとり河岸に立ち河原蓬に見入るあはれ」という歌から、病気が回復しきれていない芸妓、吉弥が鴨川の河原の蓬をみて、一世風靡していた頃の自分の姿を思い哀れむ様子が伺われる。「君とゆく河原づたひぞおもしろき都ほてるの灯ともし頃を」は、夕暮れ頃にあなたと河原づたいを歩くことは楽しく心ひかれるという、女性と過ごす時間の喜びを表現した歌である。

吉井は、『祇園歌集（祇園）』に「加茂川に夕立すなり寝て聴けば雨も鼓を打つかとぞ思ふ」という歌を載せている。これは鴨川に鳴る夕立の音を寝ながら聴くと雨も太鼓を打つ音かと思うぐらい恐ろしいという意味である。『河原蓬』にもいくつか鴨川を引用した歌を残しており、「加茂川や夕風吹けばおしろひのにほいまじりに水の香ぞする」という歌は、夕風が吹けば祇園の芸子や舞妓のおしろいの匂いの混ざった水の香りがする、という京都らしい風情を詠んだ歌である。

これらの作品群からみて、吉井には鴨川に対して特別の思いがあったと推測される。吉井は、昭和二九（一九五四）年『週刊朝日』の徳川夢声との対談で、「あなたは関西の生活が長いのだがどうしてこちらに居ついてしまったのか」という徳川の質問に対し、「東京に住んでいると、この年でも荒っぽい生活になると思うんだ。京都にいればそういうことがない。だから長寿のため文運長久のために…。なにしろ、比叡山をながめ、加茂川の水をながめ、祇園町でマイコさんをみて、『都をどり』の歌でもつくってのんびり暮らしていますからね、やっぱりこっちのほうがいいですよ」と答えている。

作品からみえること

長田幹彦と吉井勇の鴨川への関心は、祇園遊びから始まっているようである。彼らは、自ら放蕩生活における快楽を求め、社会的な規範や常識の外にある美を表現していたとみられるが、鴨川の持つ特異な情緒はその美を表にだす手段として好適だったのであろう。

小説を読むことで、読者も放蕩の喜びに浸ることができたためか、長田の作品は流行し、『祇園夜話』は昭和二八（一九五三）年の段階で一一七万部を売り尽くしたといわれている。これは、現在を基準に考えても大変な数である。彼らが作り上げた「京都・祇園」のイメージは、この時点では全国の人々に憧れの対象として広く認識されていたといえる。さらに、長田幹彦が作詞した祇園小唄は鴨川小唄以上に多くの人の知るところとなり、古くからの京都の土地の唄のようになって京都観光の一端を担うこととなった。

四　おわりに

河川は、ポジティブな意味でも、ネガティブな意味でも、我々の生活と密着している。河川が描写された文学作品をあげてみれば膨大な数になる。『方丈記』のゆく河の流れで無常感を表現した鴨長明から、『男の一生』で木曽川、『深い河』でガンジス川をとりあげた遠藤周作まで、河川に興味・関心を抱き作品にした作家は枚挙に暇がない。

鴨川の周辺には祇園、先斗町、四条大橋、三本木など文学と関係の深い場所があり、風光明媚な鴨川が作品に多く登場することからも、各作家の鴨川に対する想いの深さが伺える。その多くは、ポジティブな意味で対象にしているのである。長田幹彦や吉井勇にとっても鴨川は、その作家人生に欠くことのできないものであった。京都の風情を物語る鴨川と彼らが遊んだ花街は、まさに一体だったのである。彼らは、鴨川の水音を聞いて遊蕩生活に浸りながら、文章を綴り歌を書いた。このように、鴨川を対象にすることで情緒漂う作品になった。長田幹彦や吉井勇は、胸に秘めたる思いを鴨川の水で表現したのだともいえるだろう。

彼らは多くの作品を通して読者たちに京都、そして鴨川のよさを伝える広告塔でもあった。現在、多くの人が持っている京都や鴨川に対する想い（あるいはイメージ）は、結果的に彼らの作品によるところが大きい。しかし彼らの本心は、京都のために書いたというより、思い思いの時を鴨川と過ごし、少しでも長くその空気を感じていたかっただけなのかも知れない。

文献

赤木桁平（一九一六）「遊蕩文学の撲滅」読売新聞大正五年八月六日〜八日
朝日新聞社（一九五四）週刊朝日昭和二九年一一月一四日号　朝日新聞社
木俣修（一九六五）『吉井勇—人と文学—』明治書院
長田幹彦小説・吉井勇短歌・中沢弘光画（一九一六）『祇園画集　舞姿』阿蘭陀書房
長田幹彦作詞・中山晋平作曲（一九三〇）『鴨川小唄』マキノ・ビクター・ハーモニカ楽譜
長田幹彦（一九二三）『祇園』春陽堂

長田幹彦（一九二五）『祇園夜話』上巻　春陽堂
長田幹彦（一九三六）『長田幹彦全集』別冊　非風閣
長田幹彦（一九九八）『長田幹彦全集』日本図書センター
与謝野寛・与謝野晶子・吉井勇（一九六七）『日本の詩人全集四』新潮社
吉井勇（一九一〇）『酒ほがひ』昴発行所
吉井勇（一九一五）『祇園歌集』新潮社
吉井勇（一九一八）『草珊瑚』東雲堂
吉井勇（一九二〇）『河原蓬　歌集』春陽堂
吉井勇（一九四〇）『洛北随筆』甲鳥書林
吉井勇自選（一九五二）『吉井勇歌集』岩波文庫
吉井勇（一九六三〜一九六四）『吉井勇全集　全八巻』番町書房

第一四章

鴨川が持つ二つの顔
――叫喚《きょうかん》と安寧《あんねい》――

岩田絵美理

一　はじめに

鴨川という空間には、叫喚と安寧の二つの顔がある。それらが積み重ねてきた歴史の記録は、本章で示すような鴨川と関係ある寺院などの歴史的建造物や史跡などの形として、現在に受け継がれていると筆者は考えている。

そこで本章では、まず叫喚のもととなる鴨川での刑罰を、さらに鴨川に安寧を求めた儒学者頼山陽を取り上げて、その実態を探ってみたい。この二つの顔から人の世の清濁を併せ呑みながら悠久の流れを続けてきた鴨川の姿をとらえてみたい。こうすることで、これまで明らかにされてこなかった新たな鴨川の実像が浮かび上がってくるに違いない。

二　叫喚の場

戦場としての鴨川

鴨川を戦場にした主要な合戦は、以下に記した三回であろう。

まず、平治元（一一五九）年に六条河原において源義朝と平清盛が交戦した平治の乱があった。源義朝は、敗北し東国へ遁走したが、その途中、尾張国で謀殺された。

寿永三（一一八四）年には、宇治川の戦いで敗れた源義仲（木曽義仲）は、京都からの脱出戦を六条河原で挑んだ。義仲は瀬田方面に逃れた後、近江国粟津で討死し、その首は六条河原に晒された。

建武二（一三三五）年になると、後醍醐天皇を追って入京した足利尊氏と近江国坂本から追撃した北畠顕家・新田義貞などが鴨川を挟んで対峙したが、尊氏は敗北し九州まで遁走することになった。

これらの戦いをみると、鴨川は京都の最後の防衛線であり、そこで戦ったということは、戦況が末期的であったことを示していた。そのために、しばしば凄惨な殺戮戦となった。これらの合戦のほかにも、戦国時代や幕末などに鴨川を戦場に散発的な戦闘があったことはよく知られているところである。

処刑場としての鴨川

平安時代から室町時代まで、鴨川は葬送の場として利用されただけでなく、処刑場となったことも指摘しておかねばならない。

死刑は、既に律令体制下で天平宝字元（七五七）年には施行されていた。死刑の決定と運用は原則的に中枢権力が独占していたために、永くその中心であり続けた京都は死刑を実施する中心地でもあった。といっても、処刑を街中で行う訳にはいかないし、見せしめ効果を考えると眺望のきく場所で行われる必要があり、その意味では鴨川の河原は最適な処刑場であった。

鴨川の河原において、処刑が頻繁に行われるようになるのは、保元の乱（一一五六年）で敗れた平清盛の叔父にあたる平忠正が斬首された頃からのことである。この処刑場は六条河原で、ここは平清盛邸があった六波羅に近いところであった。当時の死刑執行は、天皇直属の武士である検非違使によって行われた。平氏とそれに続いた六波羅探題も六条に拠点を置いたために、六条河原は鴨川の主要な処刑場となり、多くの人々がここで処刑され、首を晒されるなどした。

安土桃山時代の末期頃から、主要な処刑場が六条河原から三条河原に移行し、石川五右衛門（図14-1）が処刑されるなどした。ここでは、幕末に近藤勇の首が晒されたこともあった。

図 14-1　石川五右衛門の処刑

（国立国会図書館蔵）

叫喚から回復させる装置

死刑は、ある種の見世物として執行される必要があった。それは、人々に社会秩序を再確認させるという目的があったためである。では、実際にどのような方法で、死刑の執行が行われたのかみていきたい。平安時代においては、死刑とは首と胴を切り離すことであった。死刑が日常化するようになる鎌倉時代には、罪人の額と両手を釘で打ちつけ、腹に矢を射るなど、これまでと違った方法も採られるようになった。室町時代になると死刑の方法も多様になり、しばり首・逆張り付け・くし刺し・のこ引き・牛裂き・車裂き・火あぶり・煮込みなどが行われた。江戸時代には、市中引き回しや晒し首といった死刑の前後の演出が加わるようになった。

この死刑を執行したのは、基本的には武士であったが、ほかに遺体の処理には専門の職人として、「放免」などがかかわっていた。放免は、検非違使の下部《しもべ》で、もとは釈放された囚人であったが、犯罪者を捜索したり死体の処理などを担当することもあった。放免は、社会的には非人として扱われ、鴨川の河原に住みついたために、のちに河原者と総称されるようになった（第二〇章参照）。

当時の人々にとって、非業の死を遂げた人の怨念に対する畏怖感は、現在からは想像もできないほど強かった。まして、処刑を目の前でみることで、一層その感じが強まったことであろう。このため、蝕まれた人々の精神を回復させる装置が必要となった。そこで、以下に記すような二つの装置が設けられたと考えられる。

一つめの装置は、特定の少数者に死の穢れを負担させることで、それを放免に担わせた。そのような装置を設けることで、多数の人々の精神を救済しようとした。

二つめの装置は、宗教施設または儀式で、人々の精神の安定を図ることに目的があった。例えば、六条河原の処刑場には受刑者の供養のために地蔵像が置かれ、首切地蔵と呼ばれていた。それが鴨川の洪水で埋もれ行方不明になっていたが、一二世紀頃に掘りだされた。現在、下京区本塩竈町にある蓮光寺の「駒止地蔵」（写真14-1）がそれだと伝えられている。また、鴨川の河原には、受刑者に引導を渡す僧が居住する時宗の道場があった。現在、下京区寺町高辻にある浄国寺（写真14-2）もそのような役割を果たした寺院の一つであった。

浄国寺は、永禄三（一五六〇）年に、浄土宗蓮池山浄国寺として五条東洞院に創建されたが、秀吉によって天正一三（一五八五）年に現在地に移された。ここは鴨川の五条河原に近い位置にある。処刑場である六条河原へ向かう受刑者は、浄国寺で受戒され最期の水を与えられた。浄国寺はもともと処刑者の供養のために建てられた寺院ではなかったために、処刑場が消滅した後も存続し続けることができたのかも知れない。

写真 14-1　駒止地蔵（蓮光寺）

写真 14-2　浄国寺

三　安寧の場

鴨川の美的価値

古来より死の匂いが漂い、時には暴れ川として大きな被害をもたらす鴨川であったが、江戸時代に入り治安が安定してくると、一種のウォーターフロントブームがみられるようになった。それは、鴨川の持つ美的価値を認め、多くの人々がそこに集う行為でもあった。

筆者は、鴨川の畔で過ごした頼山陽が、このような変化を引き起こした一人とみている。そこで本節では、頼山陽と彼が築いた山紫水明処を通して、文人達が愛した江戸時代後期の鴨川の姿をみることで、安寧の場としての意義をとらえてみたい。

頼山陽と山紫水明処

江戸時代後期を代表する儒学者である頼山陽は、安永九（一七八〇）年に大坂で生まれ、広島で育った。二一歳で脱藩に失敗して広島に連れ戻され、四年ほど幽閉された。この幽閉期間に代表作である『日本外史』を著した。謹慎を解かれて以降、大坂などで過ごしたのち三二歳のときに京都で儒学の塾を開いた。文政五（一八二二）年、四三歳になって鴨川の傍に水西荘と呼ばれる居宅を建てて移り住み、天保三（一八三二）年で没するまでの一〇年間をここで過ごした。この水西荘の書斎が、現在の上京区東三本木通丸太町に残る山紫水明処（写真14-3）であり、頼山陽が以前に居住した屋敷の名称をつけたものである。

水西荘には、多くの文人が訪れてきた。水西荘の名は「水の西にある館」の意で、ここでいう水とは鴨川のことである。頼山陽は鴨川を好んでこの地に移り住み、生活していたことは間違いないであろう。ここで、頼山陽とかかわりのあった文人達がこの地で詠んだ詩文をあげて、彼らが鴨川にみいだした価値を考えてみたい。

まず頼山陽の詩文であるが、宋代の詩人劉告荘の移居詩を読んで、その韻にならって詠んだ七言律詩を挙げてみたい。

移宅鳧川第一湾
占来半野半城間
成隣嫌接笙歌市
対岸欣看紫翠山
玩世心何別喧寂
売文身正雑忙閑
東軒客散斜陽在
目送遥林倦鳥還

〈大意〉鴨川の一の入り江のほとりに居を移すことになった。半ば田園、半ば町中という境目の土地に位置している。弦歌の巷と隣接しているのがいやだが、美しい山が対岸に眺めら

写真 14-3　山紫水明処

れるのがうれしい。世間のことはどうでもよいと思っているので、隣り近所が騒がしかろうと静かだろうとどちらでも構わない。売文を業としている身はもともと静かな暮らしばかりも望んではいられない。対岸の家ではちょうどいま客が帰っていくところで、はや夕日が傾こうとしている。遥かかなたの森へ遊びあきた鳥の群れが戻っていくのが眺められる。(『洛中洛外漢詩紀行』)

この詩には自然と田園の賛美、それと接する生活への憧憬が記されている。水西荘は鴨川の処刑場からそう遠くない場所にあったが、葬送や合戦の場として使われなくなってから既にかなりの時が経過していた。この時期には、鴨川から死の匂いは感じられなくなりつつあったことがわかる。

また、水西荘の北隣には、儒学者中島棕隠が度々逗留していた。以下の七言律詩は中島棕隠が頼山陽に送ったものである。

分酒分歓情自深
洋峨奚必問高音
幽亭並影一湾水
古巷結隣三樹陰
六六煙嵐帰彩筆
区区伎倆媿塵襟
清風及我尤非小

半榻新涼直万金

〈大意〉酒を分かち楽しみを分かち合って、親愛の情はますます深まるばかりだ。山水の景色は必ずしも幽邃でなければならない理屈はない。一湾の水にささやかな家屋が仲良く並んで影をうつし、古めかしい三本木街に軒を並べている。かすみがかった東山三十六峰の眺めはまるで絵に描いたようで、小細工を弄して詩に詠み込んでみようなどという俗っぽい気持ちが恥ずかしくなる。鴨川の清風はわたしのところへも同じようにやって来る。床几に腰掛けて味わう初秋のさわやかさはまさに値万金である。(『洛中洛外漢詩紀行』)

この詩からは、周囲の風景を愛《め》でながら、庵を中心とした狭い範囲で行う当時の文人の暮らしぶりを伺うことができる。

ところで、一般に山紫水明という言葉は、日の光で山は紫にかすみ、川は澄んできれいである景色の美しい土地のことをいう。さらに、今日では京都の代名詞のように使われることがある。山紫水明は、もとは唐の詩人王勃の「煙光凝而暮山紫」と杜甫の「残夜水明楼」の二句に原典があるといわれている。この山紫水明の意味は、山が紫に染まり川面は暮れ残って白くみえる夕暮れ時を指すものであり、美しい土地そのものではない。これが、「美しい景色がみられる土地」へと転化していって、「そのような美しい京都」を指す意味に定着したようだ。

彼らの残した文章からは、鴨川の畔でその風水の美しさを愛でながら過ごした風流人の姿が伺える。彼らが描く江戸時代後期における鴨川には、もはや死の影はみえてこない。このように鴨川は、多くの人々にまさに安寧の川として認識されていたことは確かであろう。

四　おわりに

鴨川は長く「流血の川」であり、此岸と彼岸を限る境界として「畏怖の対象」でもあった。ところが江戸時代に入り世相が落ち着き、京都の市街地が鴨東にまで拡大すると鴨川に対する人々の意識も大きく変わり始め、江戸時代も後半になると前述のように山紫水明という言葉が生まれるような安寧の地と認識され、多くの文人達の安らぎの地となっていった。

鴨川が葬送地でなくなってから四〇〇年、処刑場でなくなってからでも一五〇年以上が経過した現在、我々が鴨川を思い浮かべるとき、叫喚を感じるような歴史を意識することはほとんどない。鴨川は今や京都の風情を代表する美しい川としての認識以外あまりないのではあるまいか。

しかし、鴨川の過去を振り返ってみれば、時には暴れ川として、殺戮の地として、葬送の地・処刑場として、様々な人の悲喜こもごもを映しだしてきた川である。我々は、鴨川の外的な美しさだけではなく、むしろ叫喚と安寧といういわば清濁を併せ呑んだその流れに対して、美を感じているのかも知れない。国民的な歌になった感のある「川の流れのように」と表現された「川」に、多くの人々が共感を持ったのは、そのような背景を感じていたためかも知れない。

文献

生田耕作・坂井輝久（一九九四）『洛中洛外漢詩紀行』人文書院
大内兵衛（一九四八）『旧師旧友』岩波書店
川嶋将生（一九九九）『「洛中洛外」の社会史』思文閣出版
坂本箕山（一九二九）『頼山陽』頼山陽傳刊行会
竹村俊則（一九六一）『新撰京都名所図会　巻三』白川書院
杜甫著　鈴木虎雄訳註（一九七八）『杜甫全詩集　第三巻』日本図書センター
内藤益一（二〇〇〇）『京都細見』アドスリー
平野圭祐（二〇〇三）『京都　水ものがたり—平安京一二〇〇年を歩く—』淡交社
星川清孝（一九六三）『新釈漢文大系一六　古文真宝（後集）』明治書院
水谷憲司（一九九五）『京都・もう一つの町名史』永田書房
村井康彦編（一九九四）『京の歴史と文化　二』講談社
横山健蔵（一九九七）『京都鴨川』光村推古書院
吉越昭久（一九九七）「近世の京都・鴨川における河川環境」歴史地理学三九－一
研究代表者吉越昭久（一九九八）『河川景観とイメージの形成に関する歴史地理学的研究』平成八・九年度文部省科学研究費補助金　基盤研究（C）研究成果報告書

第一五章　高瀬川水運の盛衰

品本啓昭

一　はじめに

現在と同様に、歴史時代においても「都市」はそこで消費する一次産品の多くを生産することが難しかった。それに対して「村落」ではかなりの一次産品を生産することが可能で、その点が両者の大きな違いといえる。このため都市では、とりわけ食料品や建築材料、燃料などの生産を村落に依存し、そこから物資を移入し消費するというシステムを成立させてきた。それと同時に、都市で生産される二次産品は、逆に村落に移入されることとなった。この結果、都市と村落を結ぶ輸送路が不可欠となったのである。

京都も以上のような一般的なシステムの例外ではなく、村落と結ぶ様々な輸送路が存在していた。明治時代に入り鉄道が敷設されるまでは、その輸送路は道路と河川（運河）であった。京都は淀川支流の宇治川・桂川・木津川などに近く、大坂・琵琶湖・丹波・奈良などとの水運交通は古くから行われてきた。

京都の堀川・西高瀬川・高瀬川などは、人工的な水路（運河）が起源の河川である。その中でも高瀬川は、豊臣秀吉の京都改造による木材需要の高まりと物資の輸送を背景に、その後角倉了《すみのくらりょう》以《い》が開削した運河であり、京都の繁栄に欠かせない輸送路であった。そこで、本章では高瀬川の成立から衰退までの過程を大まかに三つの時期に区分して、高瀬川水運からみた物資輸送の変遷に焦点をあてて、それが京都に与えた影響について考察してみたい。

なお、高瀬川の水源は鴨川であり、両者は沿うように流れ、途中で平面交差するなど、鴨川なくして成立し得なかった。鴨川の新たな一面にスポットをあててみよう。

二　高瀬川の概要

高瀬川は、慶長一六（一六一一）年に角倉了以・素庵父子によって開削された運河で、二条通付近の鴨川右岸より取水し、十条で鴨川と平面交差して伏見に至る延長約一〇㎞、幅約八mという規模の運河であった。建設費用は七五〇〇〇両にのぼり、そのすべてが角倉の負担であった。京都の市街地の高瀬川沿いに、舟入

写真 15-1　高瀬川

と呼ばれる九カ所の船溜まりを設け、そこで荷の積み下ろしを行ったために、この周辺には同業者町などが形成された。高瀬川の開削によって、京都の中心部と大坂や琵琶湖などとが水運でつながることになり、それは京都の物資や人の輸送に大きな役割を果たした。伏見からの上り便には材木・炭・米・酒・海産物などが、京都からの下り便にはタンス・工芸品・呉服などが積まれていた。

明治時代になると鉄道交通が普及し始めたことで、高瀬川水運は徐々に衰退して、大正九（一九二〇）年に三〇〇年以上続いたその役目を終えた。現在でも、水路は当時に近い形で維持され、舟入の一つが残されるなど、歴史遺産としても保存されている。なお、写真15-1は、二条通付近の高瀬川に浮かんだ復元された高瀬舟である。また図15-1は、『拾遺都名所図会』〈天明七〈一七八七〉年刊行）にある高瀬川の絵で、人夫の手で引かれた高瀬舟や当時の高瀬川周辺の様子がよくわかる。

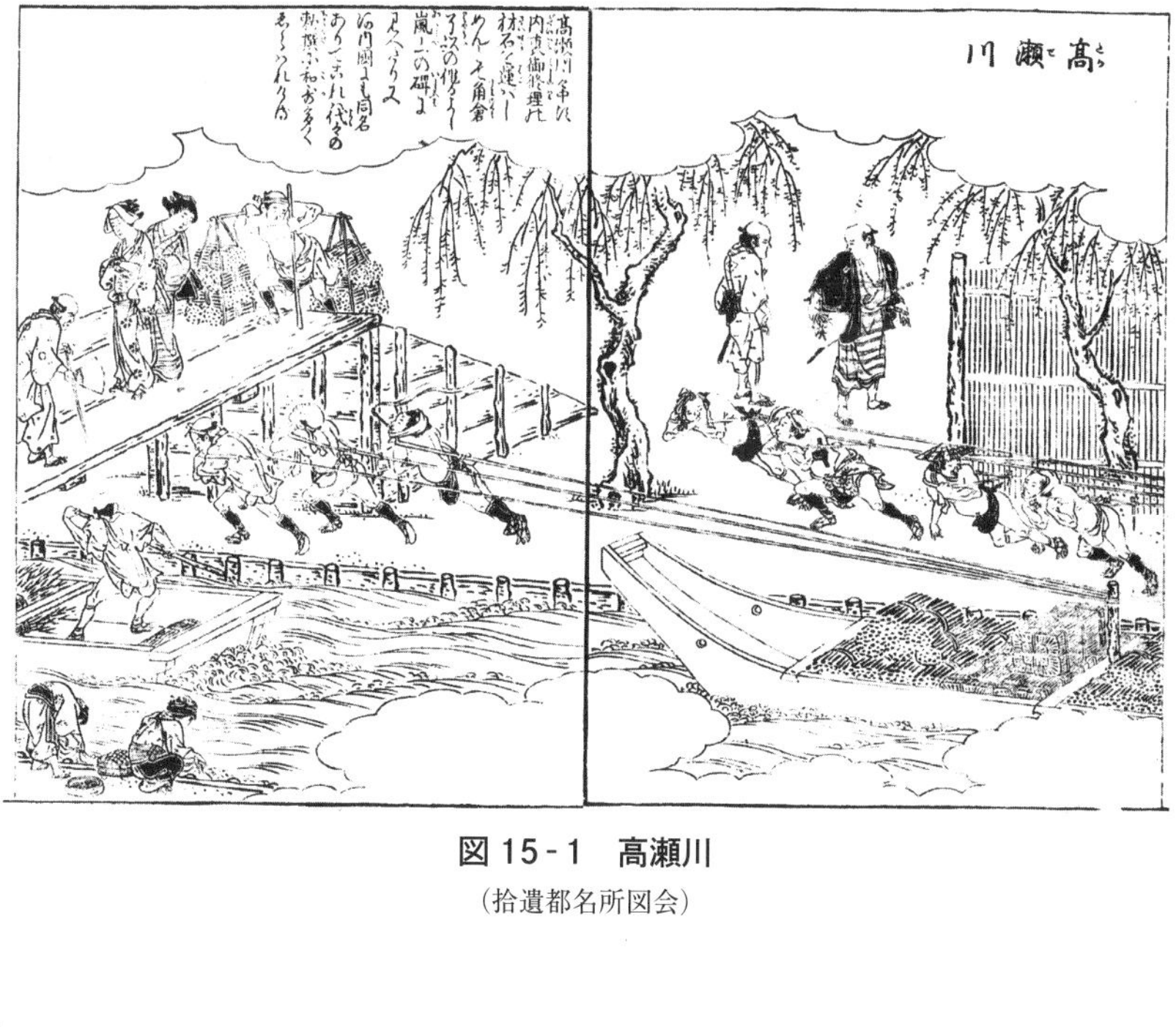

図 15-1　高瀬川

（拾遺都名所図会）

三　成立期

高瀬川を開削した角倉了以は、それまでに大堰川（桂川）、富士川の疎通のほか諸河川の改修工事を手がけ、水運の権利を得ていた。高瀬川開削の理由は、角倉家による京都と伏見の水運を独占することにあったと考える。高瀬川の開削によって京都〜大坂間の水運による輸送路が確立されると、京都では二条〜七条の高瀬川筋に移入された物資を扱う商人が集住するようになり、同業者町が成立していくこととなった。

『京都坊目誌』によると、二条〜七条間の高瀬川筋には総計七七の町があった。その内訳は二条〜三条に九町、三条〜四条に二一町、四条〜五条に一九町、五条〜七条に二八町となっている。このうち二条〜三条間は慶長一六（一六一一）年、高瀬川の建設工事開始の年に町が成立したとされている。二条通は、京都統治の中心である二条城のいわば大手筋にあたり、高瀬川の北端が二条通にされたことの説明がつく。高瀬川の起点付近には毛利藩・土佐藩・対馬藩などの西国大名の屋敷があり、角倉家が瀬戸内を通して西国との交流を重視していたことが伺えるためである。角倉家は高瀬川の起点に二カ所の屋敷を構え、税を徴収していた。

三条〜四条間には、起源の不明な町も多いが、そのうちいくつかは高瀬川開通の頃（慶長一九〈一六一四〉年）に成立した。ここには材木・薪炭・塩・紙・石などを町名につけた町が多く、高瀬川の開削が市街地の発達に影響を及ぼしたことは明らかである。木屋町通の周辺には、現在でも石屋町・材木町・下樵木町・紙屋町などの町名が残されていて、京都の繁華街の一角を担っている。

四条～五条間の大部分の町の成立は寛文一〇（一六七〇）年であり、このことはこの年に完成した「寛文新堤」（第八章参照）とかかわっていたと考えられる。『京都坊目誌』をみる限り、この地域が高瀬川開削に伴う新興市街地の南端にあたり、それ以南はその後に市街地化されたもののようである。

五条～七条間は、五条橋付近の四町が宝暦八（一七五八）年、そのほかの町は宝永三（一七〇六）年の成立であった。また、七条以南の町の成立については『京都坊目誌』では確認することはできなかった。

四　安定期

森鴎外の小説『高瀬川』は、近世後期、恐らく寛政年間（一七八九～一八〇〇年）頃の高瀬川を舞台にしたものとされているが、近世にはここが京都の水運交通の中心を担っていたことが知られる。しかし、近世における高瀬川の物資輸送量を詳細に把握できる史料は、ほとんどないようである。そのため、明治時代の統計書を用いて明治二一（一八八八）年における高瀬川の物資輸送について述べてみよう。対象とした地点は四条河岸場で、高瀬川でも最も物資輸送量の多い河岸の一つであった。四条河岸場に移入された物資品目（表15－1）は、金額の高い順にしょう油・炭・石炭油であり、燃料や食料品などが多かった。逆に移出された物資は、呉服や太物のほか工芸品などの金額が高く、移出金額は移入金額の九倍にも達していた。

なお、同じ統計書には船舶（その種類は日本形船舶五〇石未満の高瀬舟）の数も掲載されていて、それによると四条河岸場に入った船数が明治二一（一八八八）年に三四九艘、出た船数が三四六艘であった。

これらの資料をもとにすると明治時代においても、京都が食料品や燃料・建材などの大消費地としてその供給を外部(農村)に頼っていたこと、手工業が発達し京都で生産した商品を全国に流通させていたことなどがわかる。恐らく、近世の京都でも、安価な原材料、食料品を大量に移入し、軽量で高い付加価値の加工品を移出するという効率のよい経済活動を行っていて、それを支えたのが高瀬川水運であったことはいうまでもない。高瀬川を通して、安定期には京都と伏見、大坂、琵琶湖、奈良方面、丹波方面と活発な交流が行われていたのである。

表15-1　明治21(1888)年の高瀬川の物資輸送量

移出入	物資品目	数量	金額(円)
移入	しょう油	791石	4,518
	石炭油	1,107函	2,283
	薪	38,810函	870
	炭	65,077函	2,418
	石炭	250函	23
	陶器荷	30個	250
	紙草	5貫	5
	土	13貫	13
移出	呉服	193,955反	501,941
	太物	617,320反	361,089
	染金巾	36,000反	9,000
	陶器荷	1,646個	17,781
	扇子箱入	65個	696
	雑品	200個	12,050

(京都府統計書による)

五　衰退期

明治維新以降、政府は富国強兵政策のもと、様々な面で急速な近代化を推進した。その一つが、工業化とそれに伴う全国的な鉄道・道路を中心にした交通網の整備であった。この動きは京都の周辺でも起こり、高瀬川にも極めて大きな影響を与えた。

明治二(一八六九)年、鉄道建設の廟議決定以降、日本では本格的な鉄道建設が開始された。その三年後に新橋・横浜間、明治七（一八七四）年に大阪・神戸間などが開通した。京都付近では、明治一〇（一八七七）年になると、京都から神戸までが鉄道でつながり、明治一三（一八八〇）年に大津まで、明治二九（一八九六）年に奈良まで、明治四三（一九一〇）年には舞鶴まで開通するなど、急速に鉄道網が整備されていった。明治時代末期になるとほぼ全国に鉄道網が完成し、鉄道による安定した人と物資の大量輸送が可能になった。

明治二一（一八八八）年における京都停車場の年間乗車人数は五三万人を超え、積出貨物数量は一七・七万斤に達した。前述の明治時代の『京都府統計書』には、年次別の高瀬川の物資輸送量のほかに、京都などの停車場における鉄道による乗車人数や積出貨物数量が掲載されている。それらによると、鉄道輸送量が年々増加しているのに対して、高瀬川の輸送量は年々減少していることが明瞭にわかる。このような傾向は、京都に限らず全国的にみられた。

高瀬川の場合、もう一つ水運を衰退させる原因があった。鉄道網の整備だけでなく、近代的な運河である琵琶湖疏水の完成も、高瀬川水運に大きな影響を与えた。琵琶湖疏水は、京都に琵琶湖の水を引き込む運河として、水運・工業用水・発電用水・生活用水・農業用水の確保を主な目的に建設された。竣工は明治二三（一八九〇）年であり、その五年後には宇治川まで接続した。しかし、当初の目的とは異なり、水運のための琵琶湖疏水の利用は必ずしもうまくいかずに、その使用目的は最終的に生活用水の確保を最重要なものとするようにシフトしていくこととなった。

このように日本全体をみれば、水量変化などに影響されない安定性や、大量輸送が可能となる鉄道や道路網の整備が、河川の水運を衰退させていった原因とみることができる。高瀬川の場合、そのほかに水運のライバル関係にある琵琶湖疏水の出現も多少影響があった。こうして、大正九（一九二〇）年には、高瀬川は完全に水運の機能を終えることとなった。

六　おわりに

本章では、高瀬川が近世以降、主要交通路として京都の輸送物資と市街地の発展を支えながら、明治時代以降になって衰退していった経緯をみてきた。このような変化は、高瀬川に限らず全国的にみられた現象であった。ただ、高瀬川にとって不運だったのは、琵琶湖疏水のように多目的利用が可能な機能を持っていなかったことであろう。

水運の機能を失った運河は、とりわけ都市の中を流れる場合、排水路に成り下がる危険性があり、水質的にも景観的にも危機に陥る可能性が高い。第二次世界大戦後に、国内には放置されドブ川化したり、埋め立てられて跡形もなくなった運河も少なくない。

しかし、その点からいうと高瀬川は幸運であった。高瀬川はその存在を忘れ去られることなく、現在では河原町・木屋町・先斗町などの繁華街に集まる人々の憩いの場所として、街の風情を彩る役割を担っている。高瀬川の水は、鴨川から導水された「みそそぎ川」から引き入れられて確保され、清流と美しい景観を維持している。現在の高瀬川にかつての水運の繁栄をみることはできないにしても、親水空間として新たな役割を得た高瀬川の姿がある。

文献

足利健亮編（一九九四）『京都歴史アトラス』中央公論新社
江頭恒治（一九三五）「京都に於ける貨物の配給」経済史研究一四－四
京都市編（一九七二）『京都の歴史五　近世の展開』学藝書林
京都市編（一九八一）『史料　京都の歴史四　市街・生業』平凡社
京都府（一八九〇～一八九二）『京都府統計書（明治二一～二四年）』京都府内務部第一課
新修京都叢書刊行会編（一九六七～一九七〇）『新修京都叢書　第一七巻～第二一巻　京都坊目誌㈠～㈤』臨川書店
田中尚人・川崎雅史・鶴川登紀久（二〇〇〇）「舟運を基軸とした京都高瀬川沿川の都市形成に関する研究」土木計画学研究・論文集一七
田中泰彦編（一九九〇）『坂本竜馬の京の足跡―高瀬川の変遷―』京を語る会
林屋辰三郎（一九四四）『角倉了以とその子』星野書店
林屋辰三郎（一九七八）『角倉素庵』朝日新聞社
藤田彰典（一九八三）『京都の株仲間―その実証的研究』同朋舎

第一六章
生と死の空間「旧五条河原」

野崎浩佑

一　はじめに

京都の市街地図を眺めてみると、鴨川の流路が四条大橋の南で少し南西に曲がっていることがわかる。この流路を変えたすぐ下流にある松原橋あたりを「旧五条河原」という。そこは現在では松原河原と呼称されているが、豊臣秀吉が従来の六条坊門小路を新五条通に改定するまでは五条河原といわれていた。本章では、現在の五条河原と区別する意味で、松原河原を旧五条河原と呼ぶことにする。この付近における江戸時代末期の様子は、『花洛名勝図会』（図16-1）にもあるように、洗い物や布干しなどの作業が行われており、河原には生活に利用される日常があった。

平安時代以降、旧五条河原は葬送の場とされていて、そこは「死」の影に覆われていた。旧五条河原については歴史学などからの研究の蓄積があるが、「生」と「死」の混在という観点からその物理的・社会的形成を追ったものは多くはない。そこで本章では、「生」と「死」が日常的にみられた平安時代から室町時代末期にかけての鴨川（とりわけ旧五条河原）の景観及び人々のかかわり方と意識について復原・検討し、そこから人間にとっての「生」と「死」のあり方について考えてみたい。

なお、平安時代における鴨川の宗教的な性格について触れておくと、鴨川はその西に位置する平安京の「俗世」（此岸）と、東に位置する延暦寺から伏見稲荷まで連なる「宗教世界」（彼岸）の間を画する境界領域であったと見做されている。そのため鴨川は、人々の生活の場であると同時に禊や葬送が行われる宗教的色彩を帯びた場としても機能した。鴨川の中でも、旧五条河原は境界としての性格を特に強く持っていた。その根拠は、旧五条河原の東側（彼岸）にあたる地域には、清水寺・六波羅蜜寺・六波羅珍皇寺・愛宕念仏寺（大正一一〈一九二二〉年に、現在の嵯峨鳥居本に移されるまで、建仁寺の南にあった）・六道の辻・鳥辺野といった宗教的な、かつ「死」が連想される場所が広がっていたという立地条件によっている。

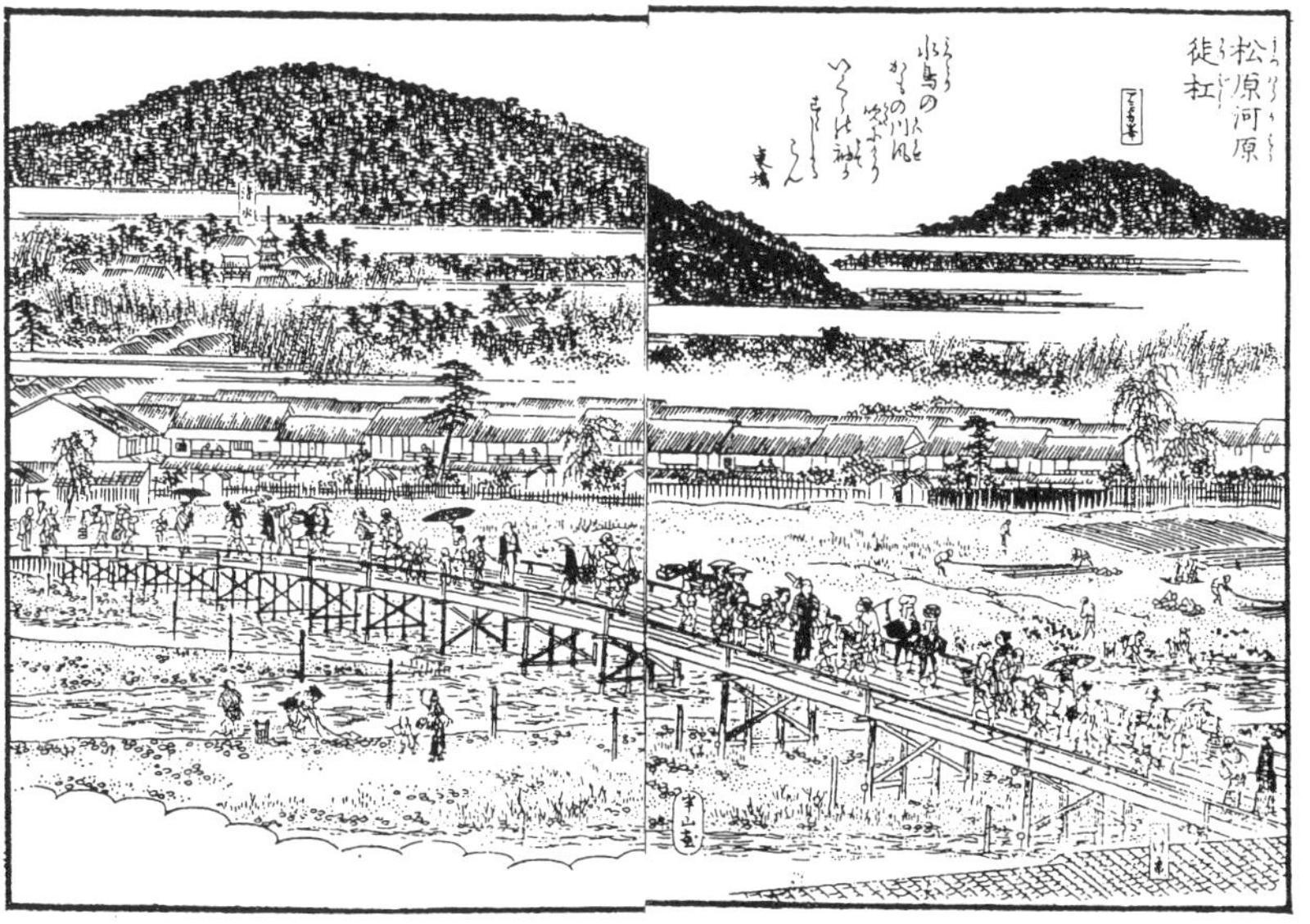

図 16-1　松原河原徒杠

（花洛名勝図会）

二　旧五条河原の「死」

平安時代の史料にみる旧五条河原の「死」

鴨川と「死」の関係を示す史料は多く、古いものでは『続日本後紀』承和九年一〇月一四日条に、悲田院に鴨川の河原の五五〇〇体余りの髑髏を焼くように命じたものなどがある。

ではこの史料にみられる鴨川の河原とは、どこのことを指したのであろうか。悲田院とは、貧しい人や病人などを救う目的で造られた公的な施設で、平安京には東西の二カ所にあった。そのうちこの史料にある悲田院とは東の悲田院を指すと思われ、それは京極大路の東、姉小路の北に位置していた。また、東の悲田院より上流の賀茂川付近には賀茂社があり、さらに一条・二条近辺では禊が行われていたことから、二条より上流に髑髏が散乱していたとは考えにくい。そのため、ここでいう鴨川の河原とは二条より南で東の悲田院の周辺の河原、即ち現在の御池通から松原通付近までの河原を指すことになる。つまり、東の悲田院以南の鴨川の河原は、葬送地として利用されていたことを示唆し、髑髏が散在する「死」の空気を漂わせていたのであろう。

葬送地には宗教的儀式がつきものであり、それがその空間を物理的・社会的にも特異なものにしていた。『日本紀略』応和三年八月二三日条には、空也が六〇〇人の僧侶と鴨川の河原で金字大般若経の供養会を行ったことが記されている。この供養会が行われた鴨川の河原について少し考えてみたい。空也は、供養会とほぼ同時に鴨川の東に堂を建てていることから、この儀式は堂に近い鴨川の河原で行われたとみてよいだろう。この堂の具体的な位置については諸説あるが、恐らくその鴨川の河原とは旧五条河原であり、この付近で供養会が行われたことは疑いないだろう。つまり、旧五条河原は多数の生者の前で死者が成仏する現場として、「死」と繋がる空間でもあった。

飢饉時における旧五条河原の「死」

旧五条河原は平時においても「死」とつながる場であったが、飢饉のような非常時にはどのような様相を呈していたのか検討してみたい。室町時代の中頃、長禄三（一四五九）年から寛正二（一四六一）年にかけて中世では最大の飢饉が発生し、京都でも八万人を超す餓死者をだした。『如是院年代記』や『万山編年精要』などには、その惨状についての記述がある。人々は水や食糧を求めて河原に集まり、そのまま息絶える人も多かった。京都には死者が五〇カ所に塚のように積まれ、その多くは鴨川の河原に集められた。また、四条・五条の橋の上では、五山の寺院（南禅寺を別格とし、ほかに天龍寺・相国寺・建仁寺・東福寺・万寿寺）が輪番で大施餓鬼と呼ばれる法会が行われた。施餓鬼とは、飢饉で死んだ亡者に食物を与えて成仏させる法会であるが、その飲食物は実際には集まった生者に振る舞われた。大施餓鬼法会は、五条橋（旧五条橋）で最も多く行われたが、この事実は旧五条河原が物理的・社会的に特別な性格を有した場所であったことの一つの証拠になろう。

三　旧五条河原の宗教施設

京都の葬送地では、何らかの宗教施設をみることができる。旧五条河原にもそのような宗教施設があったので、そのいくつかの施設に注目してみたい。

まず、六波羅蜜寺の前身である西光寺のさらに前身にあたる宝殿をみたい。宝殿は、一〇世紀後半に経供養のために鴨川西岸の荒地に創建されたとされる。これは、旧五条河原の葬送地としての性格を物語るものであろう。

もう一つ注目される施設として、旧五条河原の中島（中洲）にあったとされる法城寺がある。この寺は、陰陽師・安倍晴明によって建設されたという伝承を持ち、そこに晴明の塚が築かれた。『洛中洛外図』（歴博甲本）（図16－2）に描かれていることからも、一六世紀には既に存在していた。その後、法城寺は鴨川の度々の洪水の被害に遭い、豊臣秀吉による大

図 16－2　鴨川の中島にあった法城寺

（紙本著色洛中洛外図屏風〈歴博甲本〉国立歴史民俗博物館蔵）

仏殿造営に伴う鴨川の浚渫工事のために、現在の三条大橋の東側に法城山心光寺（写真16－1）として移動させられた。この寺院もまた宝殿と共に宗教施設として、旧五条河原に宗教性を持たせる存在であったことは確かだろう。

これらの施設の存在から考えて、旧五条河原は葬送だけでなく、埋葬も行う墓地としての性格とともに、追善供養をする信仰の場という意味も併せ持っていたのであろう。

四　旧五条河原の「生」

次に、平安時代から室町時代末期の人々が、旧五条河原と「生」の日常においてどのようにかかわり、また旧五条河原に対してどのような認識を抱いていたのかをとらえてみよう。

旧五条河原における中島の「生」

前述のように、旧五条河原にあった法城寺は安倍晴明と深く関係し、そこには安倍晴明の塚が建てられた。陰陽師らは、鴨川治水の祈祷も行っており、法城寺の名の由来に治水の願いがあることからもわかるように、法城寺は鴨川の洪水から平安京を鎮護するシンボルであり、また祈祷の拠点でもあった。旧五条

写真 16－1　心光寺

河原の中島には、洪水という「死」に抗《あらが》おうとした祈祷という「生」を垣間みることができる。

『雍州府志』には旧五条河原の周辺ないしは中島にあったと考えられる禹《う》王廟についての記述がある。その来歴は、河原者が天下悪党と呼ばれた綴法師を処刑したところ河原者に祟りが起きたため、その霊を鎮める目的で廟を築いたというものである。もともと、処刑された人々の鎮魂のための廟であったが、後に夏《か》の禹王（中国古代に洪水を治めた伝説上の聖王）の廟に転化したものであろう。これについて瀬田勝哉は、「河原者も治水の実際的な担い手としての自覚を強め、『怨霊鎮魂の社』から治水神『禹王廟』へという歴史の書き換え、由緒の転換を図った」と考えている。なお、このような禹王廟があったとされる伝承は、京都には散見される。

このように旧五条河原の中島にあった法城寺は、「死」と密接にかかわり合いながらも、宗教者や河原者などが集まって治水を祈る場所であった。治水とは、まさに「生」きるための活動そのものだったのである。

日常としての「生」

『洛中洛外図』（上杉本）をみると、旧五条橋には市女笠《いちめがさ》をかぶった女性が多く描かれている。これらの女性は、清水寺への参詣前後の姿を描かれたものだと思われる。旧五条橋は、清水寺へ参詣するための橋と認識され、清水橋とも呼ばれていた。ここは、まさに平安京という此岸から東山という彼岸に至る境界をなしていたのである。

『洛中洛外図』（舟木本）には、ほかに旧五条河原近くの鴨川で泳ぐ人、釣りをする人、漁をする人、舟に乗る人も描かれている。絵からは、寛いでいる人々の様子が伝わってくる。鴨川は、水に親しむ空間、生活の糧を得る空間でもあった。

治水、信仰、漁撈だけでなく交通面においても、当時の人々は鴨川とともに「生」きたのである。旧五条河原は「死」だけでなく、「生」の空間でもあった。

五　おわりに

六波羅は冥界への出入口とされているが、真の出入口は彼岸と此岸の境界となる旧五条河原なのであろう。その旧五条河原には、これまで述べてきたように死体が散乱し、そこは「死」にかかわる多様な宗教行事が執り行われる宗教的な意味を持つ葬送地であった。

しかし、そのような側面だけでなく、そこは多くの人々が現実に活動する場所でもあり、「生」の姿があった。「死」と直面する場所であったからこそ、逆に人々は「生」きることができたともいえるのではないだろうか。「生」と「死」という二つの概念が強く入り混じる旧五条河原は、京都の人々にとって特別な境界空間だったのである。

江戸時代に入ると、旧五条河原に「死」の色は急速にみられなくなった。それは、室町時代以降になって境内墓地が普及したことや、豊臣秀吉による京都改造によるところが大きい。また、第八章でも取り上げた鴨川の「寛文新堤」の建設も大きな影響があった。そのような変化があっても、六波羅への道筋としての旧五条河原の境界性はその後も残り続ける一方、「生」の営みも継続したのである。

本章の目的は、古代から中世における旧五条河原を通して、「生」と「死」を考えることであった。その結果、両者の関連性を明確にすることができた。

「ゆく川の流れは絶えずして、しかも、もとの水にあらず。淀みに浮ぶうたかたは、かつ消えかつ結びて、久しくとどまりたるためしなし」。賀茂神社の神職の子として鴨川をみて育ち、鴨川の河原が死者で埋まる大飢饉を体験した鴨長明は、人間の「生」と「死」を川に浮かぶ泡沫に例えた。山科・日野山中にあった方丈の庵においても、彼の脳裏には「生」と「死」の境界空間としての鴨川の風景が浮かんでいたことであろう。

文献

石井義長（二〇〇二）『空也上人の研究―その行業と思想―』法蔵館

植村善博　治水神・禹王研究会（二〇一九）『禹王と治水の地域史』古今書院

奥平俊六（二〇〇一）『町のにぎわいが聞こえる　洛中洛外図　舟木本』小学館

勝目至（二〇〇三）『死者たちの中世』吉川弘文館

川嶋将生（一九九九）『「洛中洛外」の社会史』思文閣出版

京都市編（一九八七）『史料　京都の歴史　第一〇巻』平凡社

京都市編（一九七〇）『京都の歴史一　平安の新京』学藝書林

京都市編（一九六九）『京都の歴史四　桃山の開花』学藝書林

黒板勝美・国史大系編修会編（一九六六）『新訂増補　国史大系　第三巻』吉川弘文館

黒板勝美・国史大系編修会編（一九八〇）『新訂増補　国史大系　第一〇巻』吉川弘文館

黒板勝美・国史大系編修会編（一九六五）『新訂増補　国史大系　第一一巻』吉川弘文館

黒板勝美・国史大系編修会編（一九六五）『新訂増補　国史大系　第一二巻』吉川弘文館
鈴木知太郎ほか校注（一九五七）『日本古典文学大系　第二〇巻』岩波書店
財団法人古代学協会・古代学研究所編（一九九四）『平安京提要』角川書店
新修京都叢書刊行会編（一九六八）『新修　京都叢書　第三巻』光彩社
瀬田勝哉（一九九四）『洛中洛外の群像―失われた中世京都へ―』平凡社
増補史料大成刊行会編（一九八二）『増補　史料大成　第六巻』臨川書店
増補史料大成刊行会編（一九八二）『増補　史料大成　第九巻』臨川書店
増補史料大成刊行会編（一九六五）『増補　史料大成　第一一巻』臨川書店
高橋慎一朗（一九九六）『中世の都市と武士』吉川弘文館
竹内理三編（一九八二）『増補　続史料大成　第二〇巻』臨川書店
角田文衞編（一九九四）『平安の都』朝日選書
丹生谷哲一（一九八六）『検非違使―中世のけがれと権力』平凡社選書
西尾実校注（一九五七）『日本古典文学体系　三〇巻』岩波書店
山田邦和（一九九六）「京都の都市空間と墓地」日本史研究四〇九

第一七章
鴨川周辺における遊廓の形成

澤村　悠

一　はじめに

遊廓は、江戸の吉原・京都の島原・大坂の新町をはじめ多くの近世都市に存在し、それは昭和三二（一九五七）年の売春防止法の成立まで存続した。近世の京都の市街地には、遊郭が点在していたが、その多くは南東部にあって鴨川の流れに沿うようにして立地していた。遊郭は本書の第一九章・第二〇章で扱う芸能などと同じように、鴨川と深いかかわりが認められる。

遊廓に関する研究は多数存在するが、その大部分は文化史的なアプローチをしていて、鴨川との関係に主眼を置いたものはそう多くはない。そこで本章では、祇園・先斗町・宮川町を事例にその形成史を明らかにするとともに、鴨川周辺に遊廓が存在するようになった要因に焦点をあててみたい。

二　遊廓とは

遊廓とは、堀や塀などをめぐらせた特定の地域に、遊女を集めて遊客を接待させる場所であった。遊郭のほかにも、遊里・くるわ・色里・色町・花街などとも呼ばれた。遊廓の形成には権力側の意図が反映され、風紀の取り締まりや封建的身分制に反発するエネルギーの発散、税金の徴収などの目的があったといわれている。

日本では、天正一七（一五八九）年、豊臣秀吉が京都の「上京」と「下京」の空閑地にあたる二条柳町に遊女町を許可したのが、遊廓の始まりである。その後この遊郭は、何回か移転を繰り返して最終的に島原遊廓になった。一方、江戸でも元和三（一六一七）年に幕府の公許を得て、城東の葭原の地に方二町の遊廓が設けられ、吉原遊廓となった。このように、権力によって公許され一定の地域に造られた遊廓の起源は、中世末期であった。

近世初期の頃に公許された遊廓は全国で二〇カ所を超え、京都の島原や撞木町《しゅもくちょう》などは形成当初から公許の遊廓であった。これらの遊郭は公娼遊廓といわれ、京都・大坂・江戸の三都を中心にみられた。これに対して、幕府の公許を受けずに営業を行う私娼遊廓も相当数存在した。京都では、祇園・先斗町・宮川町・上七軒などは、当初は私娼遊廓であったが、その後公娼遊郭になった。

遊廓には複数の独特の形態をした建物（内部に複数の座敷）があり、そこに遊女を置いた。遊女は、一般に近代以前の売春婦の総称として用いられているが、それはさらに売春を専門に行う娼妓と、宴席について遊芸で客をもてなす芸妓とに分けられた。遊女そのものの歴史は古く、日本では万葉集にも遊行女郎《うかれめ》としてその名前がでてくる。近世の遊廓で最も格の高い遊女に太夫がいたが、彼女らは歌舞伎をはじめ文学・遊技・茶道・華道などを学び、歌舞伎や浮世絵のモデルになったスターでもあった。近世において多くの遊女を抱えた遊廓は、いわば当時の文化の発信地でもあった。

三　遊郭の形成と鴨川

本書の第一四章・第一六章などでも取り上げられたように、鴨川は古くから罪人の処刑場として利用され、洪水の頻発も相俟って、当時の人々には「恐ろしい」とするイメージが強い河川であった。しかし、中世の末期から近世にかけて鴨川の河原で歌舞伎踊りが行われるようになると、そのイメージが大きく転換した。その端緒となったのは、出雲阿国《いずものおくに》の出現であった。阿国が始めた妖艶な歌舞伎踊りによって、それが演じられた場所である五条河原が脚光を浴びることとなった。

やがて、慶長期（一五九六～一六一四年）から元和期（一六一五～一六二三年）にかけて、芸能興行の中心は五条河原から四条河原へと移った。その原因は、元和期に京都所司代板倉勝重が、興行地を徐々に賑いを増していった四条河原に限定したことにあった。板倉勝重は、四条河原に七カ所の芝居小屋などを設け、それ以外での芝居興行を禁止する措置をとった。

こうして、近世に入ると鴨川のイメージは、「恐ろしい」から「楽しい」・「きれい」に変わっていき、夏季には納涼の場となるなど、中世とは大きく転換した。それには、鴨川に寛文一〇（一六七〇）年に完成した寛文新堤が果たした役割が大きかった（第八章参照）。寛文新堤の建設によって、これまで鴨川の河川敷であったところが人々の通常居住するいわゆる堤内地に組み込まれたことで、そこが遊興的な性格を備えた市街地（新地）に変わっていった。それが先斗町や宮川町などの遊廓になったのである。その経緯であるが、最初に「水茶屋」の設置が認められ、その中には店の奥に座敷を持つところがあらわれて私娼家となり、それらが遊廓を形成していった。遊廓が鴨川の周辺に多く立地することとなったのは、以上のような理由があったのである。

四　鴨川周辺の主な遊廓

祇園

『日本歴史地名大系』によると、祇園は戦国期には一時荒廃したものの中世より祇園社門前として市街化が進み、寛文期（一六六一～一六七二年）以降の再開発によって祇園周辺が整備されると、祇園と四条河原は実質的に一体化していった。

祇園には、慶長期から元和期に祇園社への参詣客を顧客とする二軒茶屋をはじめ多くの茶屋が立ち並び、そこでは酒が供され踊りを舞う茶立女・茶汲女が客をもてなしていた。その女性たちが芸妓の起源であり、現代の「お茶屋」の名称もここからきているといわれる。やがて、茶立女は売春婦と同義となり、四条河原が興行地になり人々が集うようになると、祇園の風紀は大きく変わっていった。その対策として、幕府は寛文五（一六六五）年になって、祇園社一帯の茶屋を鴨川沿岸へ移動させ、公式に茶屋を許可した。これが祇園新地「外六町」の起源となった。この町では寛文八（一六六八）年に、芝居が許可され、寛文新堤が完成して市街地が拡大されると、さらに賑わっていくこととなった。

祇園が公娼遊廓としての公許を得たのは寛政二（一七九〇）年であったが、それ以前に、茶屋・水茶屋が集積した祇園は、既に私娼遊廓となっていて一八世紀になると、公許の島原を圧倒する勢いがあった。

先斗町

ポントチョウの呼称は、先斗町が河原の先端に位置していたことから、ポルトガル語のポント（点ないし先端の意）に因んでつけられたという。先斗町は、東に鴨川、西に木屋町通に挟まれた南北に細長い町で、北は三条通、南は四条通で限られていた。木屋町通の西には、近世初頭に角倉了以によって高瀬川が既に開削されていた（第一五章参照）。先斗町は通り名だけで町そのものは存在せず、鍋屋町・材木町・下樵木町などという町から構成されていた。寛文新堤が造られた結果、新地が造成され、そこにできた町の一つが先斗町であった。延宝二（一六七四）年、五軒の揚屋茶屋（遊女屋から遊女を呼んで遊ぶ茶屋）が許可され、その後正徳二（一七一二）年になって、橋下町から西石垣、斉藤町の間で川を囲って生きた魚を供する権利である生洲《いけす》株が認められた。先斗町には、茶屋・旅籠屋が建ち並び、近くの祇園と同様に茶立女を置くようになった。なお、先斗町が遊廓として公許されるようになったのは文化一〇（一八一三）年のことであった。

先斗町の特色として、水運が盛んであった高瀬川に近接していたため、茶屋よりも旅籠屋が多かったことがあげられる。そのため、旅商人などを相手にした私娼も現れた。また夏季には、四条河原と同様に、川岸の小屋で納涼させることもあった。

宮川町

宮川町も寛文新堤の造成によって、鴨川左岸に新しく出現した町であった。宮川町では、北側から整備が進み、それは順次南に及んでいった。近くの四条河原が興行地として賑わっていたため、ここも当初から茶屋町として開発され、宝暦元（一七五一）年に幕府より遊廓として公許されることになった。しかし、実際にはそれ以前から私娼遊廓として栄えていた。元禄期（一六八八～一七〇四年）には、陰間《かげま》と呼ばれる一〇代の歌舞伎役者の男娼が多かったことが知られており、これが宮川町の特徴でもあった。この若衆歌舞伎による接待は、天保一三（一八四二）年に幕府によって禁止されるまで続けられた。

五　鴨川周辺の遊廓の立地の特徴

これまで、鴨川周辺の主な遊廓について形成史と特徴を述べてきたが、京都には鴨川周辺以外にも何カ所かの遊廓が存在した。そこでまずそれらを概観した上で鴨川周辺の遊郭とを比較し、特に立地という面から両者の特徴の違いを検討してみたい。

中世末期以降の京都には、鴨川周辺以外の主な遊廓として、上七軒・島原・撞木町《しゅもくちょう》などがあった。

上七軒は現在の上京区社家長屋町などに位置し、室町時代に北野天満宮再建の際に残った資材を用いて七軒の茶屋を建てたことに始まったとされている。現在の京都五花街（祇園甲部・祇園東・先斗町・宮川町・

上七軒）の中では最も古い歴史を持つが、その規模は小さい。上七軒が遊廓として公許されたのは寛永期のことであり、近くに西陣があったことから遊郭として繁栄した。上七軒は、近世には芸妓を中心とする遊郭であったことが特徴であろう。

一方、島原（写真17−1）は、現在の下京区西新屋敷六町に位置し、江戸の吉原と並ぶ大遊郭であった。前述のように中世末期の天正一七（一五八九）年に二条柳町に造られた遊郭が、その後何回かの移転を経て西新屋敷六町に至って、ここが島原と呼ばれるようになった。格式が高く、元禄期には繁栄を極めたが、祇園や上七軒などに人が流れ、次第に衰退していった。図17−1は、寛政期の京都を描いた『花洛一覧図』であるが、図の右手前に塀で囲まれた町が島原である。

撞木町は、近世になって現在の伏見区のほぼ中央部に設置された遊郭であった。京都の遊郭の中でも規模が最も小さく、太夫をおかずに下級遊女が主体であった。『京都遊廓見聞録』によれば、撞木町遊郭は身分の低い人々を客としていたという。享保期頃には、伏見港の近くの中書島遊郭の繁栄によって、急速に衰退していった。

写真 17-1　島原（角屋）

そこで、これらの遊郭と鴨川周辺の遊郭との共通点や相違点について考えてみたい。まず、上七軒は、北野天満宮の東門に至る参道に位置しているが、この点は祇園社の参道に近い鴨川周辺と類似している。神社周辺には参詣客が多く集まるため、彼らを相手とした茶屋や旅籠屋などが建ち並び、それが遊廓に発展していったと考えられる。当初、歌舞伎は遊女によって演じられており、その興行地は遊郭としての性格をも備えていたのである。神社の境内やその近辺は芸能興行地として栄えたこともあって、このことも両者が似ている点であろう。一方、両者が異なる点は、規模の違いであった。鴨川は東海道や伏見街道といった主要な街道の結節点にあり、京都の中心から遠い上七軒に比べて、はるかに多くの人々が付近を通行した。そのため、鴨川付近には大規模な遊郭が形成されたのである。

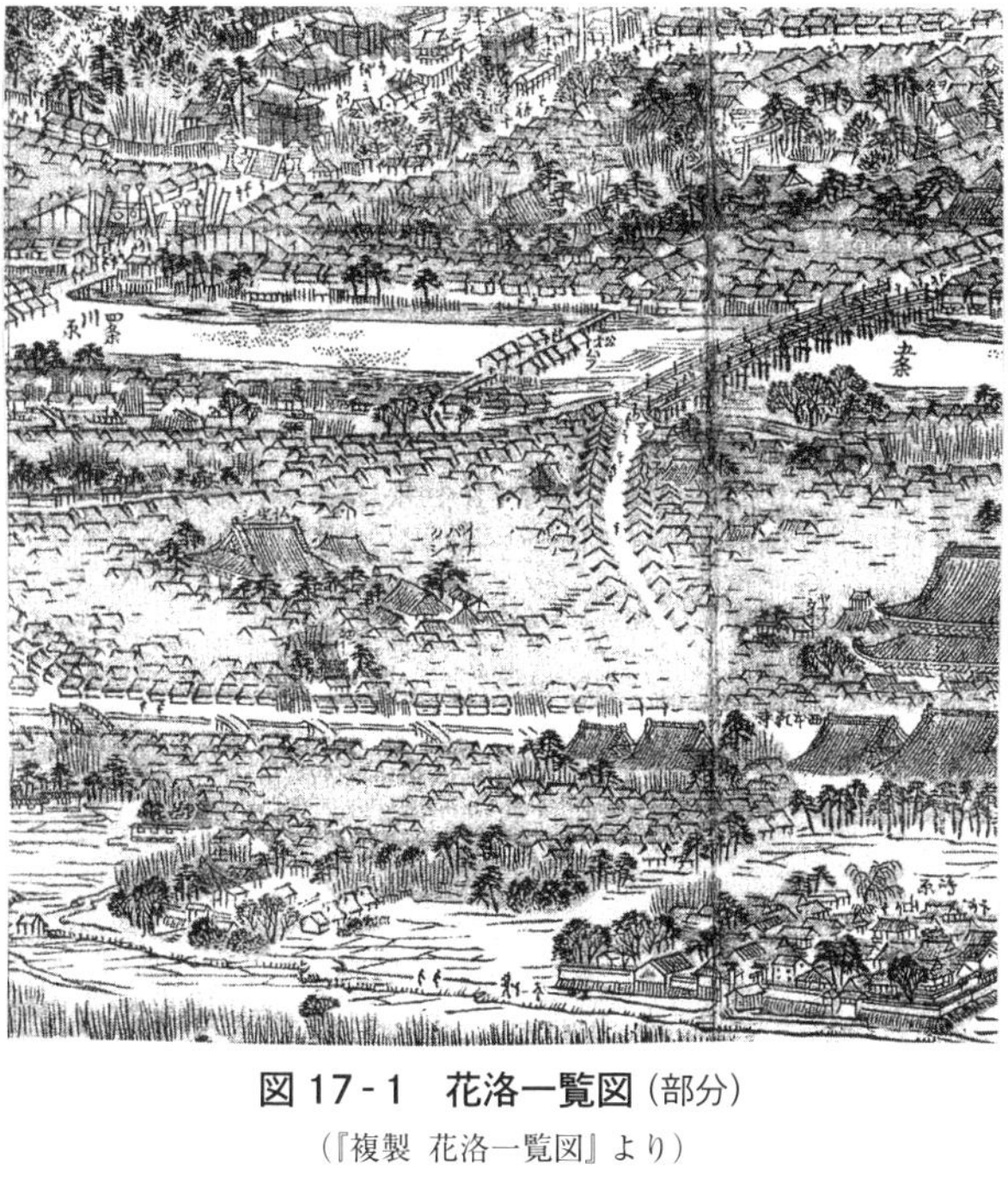

図 17-1　花洛一覧図（部分）

（『複製　花洛一覧図』より）

遊郭の立地する地域をみると、上七軒、島原、撞木町はいずれも京都の中心から離れた場所に位置していた。この立地は、治安の維持などを目的にした幕府の意向を受けたものであった。しかし、中心から離れた不利な場所ではあったが、いずれも京都や伏見の町中にあり、上七軒は周山街道の起点、島原は山陰道の起点、橦木町は大和街道に近いために、人々の移動する数は少なくなかった。

一方、遊郭の設置時期からみると、鴨川周辺の遊廓は上七軒・島原・撞木町などに比べて遅かった。鴨川周辺の遊廓は、前述したように寛文新堤の建設以降、急速に街並みが整えられ形成されたものであった。勿論、遊郭成立以前に鴨川の河原には、多くの芝居小屋や各種飲食店が建ち並んで、遊郭と同じような機能を果たしていた。しかし、河原という場所の狭さのために、茶屋などの施設を造る余地がなかった。鎌田道隆が指摘するように、一般的に近世の遊廓がそれまで未開拓の地に新しく開地したものが多かったのだとすれば、鴨川周辺の遊郭は起源を中世に持ちながら、近世的な性格を加えたものであることが最大の特徴といってよいであろう。

六　おわりに

鴨川周辺の遊郭の形成についてみてきた結果、それらの成立において、寛文新堤の建設が果たした役割は非常に大きいことがわかった。これは集客という側面からみれば、現在のウォーターフロントにも共通する特徴を持っていたともいえる。

遊郭成立の要因は政治・文化・社会・経済など多種多様であるが、とりわけ権力側の関与が重要であった。現在でもそうであるように近代以前においても、鴨川は参詣や娯楽といった様々な目的を持つ人々が多く集まる一大興行地であった。多くの人が集まるところに、様々な要因がからんで遊郭が成立してきたものといえるだろう。そう考えれば、鴨川周辺の遊郭は鴨川にその成立を負っているといえよう。現在においても、鴨川の周辺に花街として祇園東・祇園甲部・先斗町・宮川町などが残されているのは、これらの歴史を踏まえた上で景観・観光という現代的な必要性からであろう。

文献

足利健亮編（一九九四）『京都歴史アトラス』中央公論新社
鎌田道隆（二〇〇〇）『近世京都の都市と民衆』思文閣出版
川嶋将生（一九九九）『「洛中洛外」の社会史』思文閣出版
北地祐幸・渡邊貴介・村田尚生（一九九八）「江戸期における遊里の全国的分布と城下町内立地の特性に関する研究」都市計画論文集三九一
田中泰彦編（一九九三）『明治・大正・昭和　京都遊郭見聞録』京を語る会
豊浜紀代子（二〇〇二）『娼婦のルーツをたずねて―京都、そして江戸・大阪―』かもがわ出版
中藤淳（一九九〇）「近世盛岡城下外の新津志田町における遊郭の変遷過程」歴史地理学一四八
中野栄三（一九九三）『性風俗事典』慶友社
平凡社編（一九七九）『日本歴史地名大系　第二七巻　京都市の地名』平凡社
毎日新聞社編（一九五九）『鴨川―生きている京の歴史―』毎日新聞社
吉越昭久（一九九九）「京都・鴨川の「寛文新堤」に関する一考察」岐阜地理四三

第一八章
鴨川周辺の風俗産業と景観

吉野直子

一 はじめに

京都市は、街並みや景観に配慮して、条例を制定し建築物に対しても様々な規制を加えてきた。しかし、このように規制されたとはいっても、以前から京都市の中心部には数多くの商業施設が密集し、場所によっては規制の緩和によって高い建築物が建ち、それが歴史的な景観の妨げとなっているところもあるのが現状である。特に、鴨川周辺には京都最大の繁華街が形成されており、それが景観に及ぼす影響には大きなものがある。

そこで本章では、鴨川の優れた景観及び環境に深刻な影響を与えている風俗関連施設について検討し、それがこの地域にどのような影響を及ぼしてきたのか、さらに今後どのように展開すべきか考えてみたい。

二　鴨川周辺の風俗産業

「風俗営業等の規制及び業務の適正化等に関する法律」は、善良な風俗と風俗環境を保持するため、風俗営業や性風俗特殊営業などについて規制し、適正にするための法律で、昭和二三（一九四八）年に制定された。この法律（以下、風営法と呼ぶ）によれば、風俗営業とは、「性風俗関連特殊営業」、「接待飲食業」、「酒類営業飲食店業」のほか、パチンコ、スロット、麻雀《マージャン》、ゲームセンターなどの営業を指す。本章では、そのうち特に「性風俗関連特殊営業」、その中でも「店舗型性風俗特殊営業」に焦点を絞り、鴨川とのかかわりについて考察してみたい。なお、本章で扱う「店舗型性風俗特殊営業」とは、ファッションヘルス・ピンクサロン、ファッションホテル（ラブホテル）、セクシーキャバクラなどとした。

そこで、御池通から四条通の南までの鴨川の西側（一部、鴨川の東側も含む）を主たる対象にして、どれだけの風俗施設があるのか、その分布を調査して（二〇〇四年一一月現在）地図化した。その結果、図18-1に示したように風俗施設は木屋町通の三条通から四条通り周辺に集中し（一部、四条通の南側や鴨川東側の四条通より北側などにも集中地域が点在）、その数は確認できたものだけで一三〇軒になった。しかし、調査は外観を観察することで求めたものであり、実際の数はこれより多い可能性がある。なお、これらの風俗施設は、一般に電飾のけばけばしい外観を呈していた。京都市全体からみると、京都南インターチェンジ付近を除けばこれほど風俗施設が集積している地域は存在せず、周囲の飲食店も含め、この地域は京都で最大の繁華街を形成している。

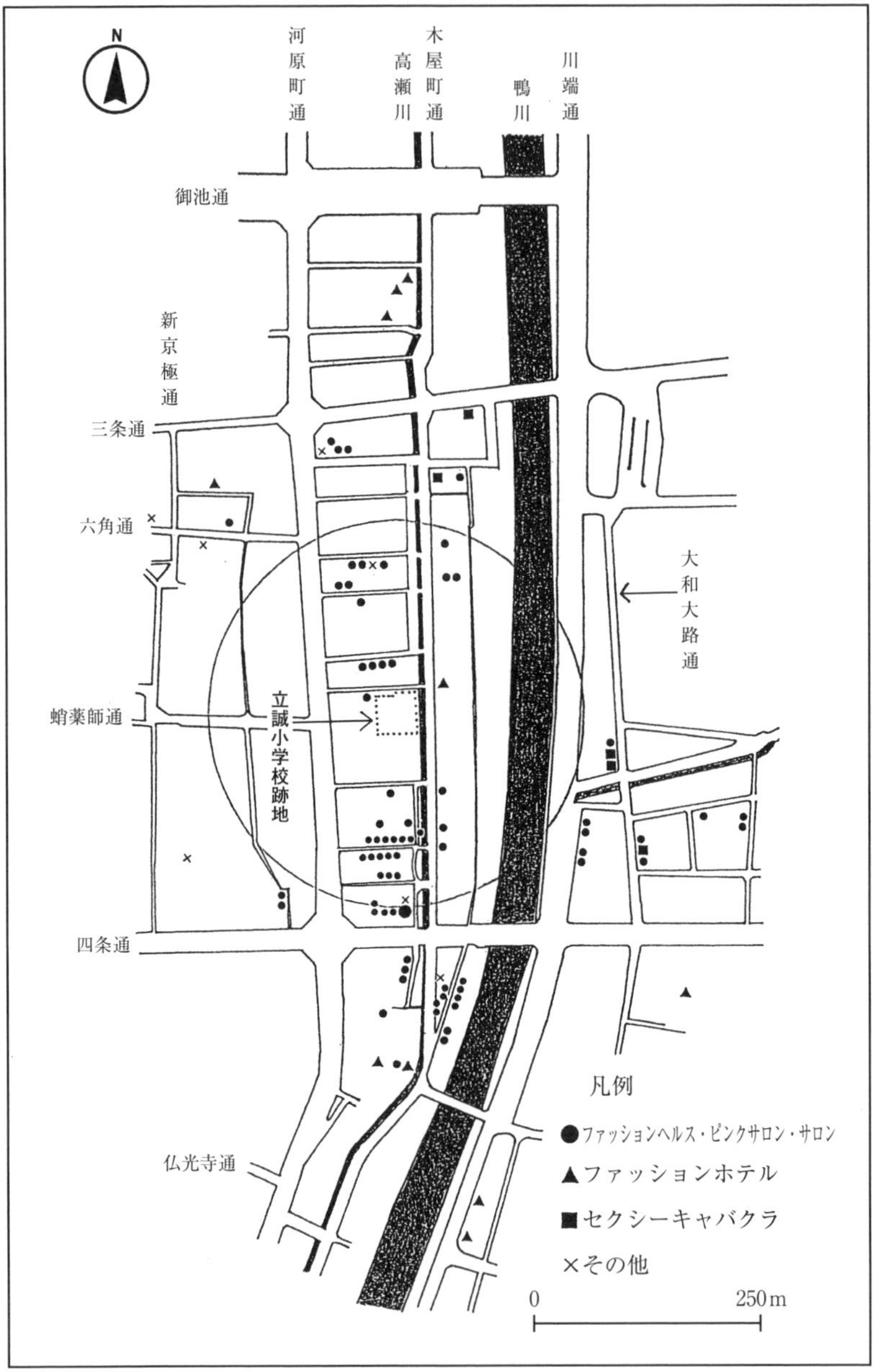

図 18-1　鴨川周辺の風俗施設の分布（2004 年）

ところで、本書の第一七章でも取り上げられているかつての遊郭と、現在の風俗産業とを安易に混同することは避けなければならない。しかし、両者には一定の類似性があると考える。そこでまず、現在の風俗産業とかつての遊郭の関連について触れておきたい。かつての遊郭と現在の風俗産業の分布を重ねあわせてみると、祇園や宮川町などで重複するところがあるが、それは鴨川周辺の風俗施設のうち一部分に過ぎず、風俗産業全体が遊郭から直接的に発展したものとは断定できない。少なくとも両者の重複がみられない地域に展開している風俗施設の成り立ちは、遊郭の存在以外の要因で説明しなければならない。

ここで注目すべきことは、近代以降になって京都の繁華街が拡大し、風俗産業に至っては最近になって急速に拡大したことである。本章で対象にした地域に限れば、平成五（一九九三）年に高瀬川沿いの京都市立立誠小学校（図18-1の円の中心）（写真18-1は、現在の様子）が廃校になり、このためにその周辺地域が風営法第二八条の立地制限から外れたことから、この地域にも風俗施設が立地することが可能になった。つまり、現在の風俗産業はかつて遊郭であった地域を中心にその付近で成立したことは確かであるが、法規制などの影響を受け、付近で進出が可能になった地域にも拡大していったととらえることが妥当だろう。

写真18-1　現在（2021年）の旧立誠小学校

また、業態による成立条件の違いにも注目する必要がある。異性を同伴し、滞在する目的に特化したホテルは基本的に郊外に位置しており、その発展には、自家用車を初めとする私的な交通手段の普及が前提とされる。この種の宿泊施設が初期のモータリゼーションに依存する形態から変じて、近年では繁華街付近に進出していったのも事実である。これには、付近にかつての遊郭の存在があって、それが大きな影響を与えたことは確かである。

三　景観に関連する条例と課題

次に、景観に関連する条例と現状をみたい。風営法には、建造物の外観に関する規定はされていないが、営業区域に関する制限や広告及び宣伝の規制は定められている。前述したように、木屋町周辺の地域では立誠小学校の廃校がきっかけとなって、風俗施設の立地や業界の拡大につながったが、その根拠は風営法第二八条の「店舗型性風俗特殊営業の禁止区域等」にある。つまりそこでは、官公庁施設・学校・図書館・児童福祉施設等の敷地の周囲二〇〇ｍの区域内において、風俗産業の営業及び広告物等の掲示が禁止されているのである。

京都市の景観に関しては、「京都市市街地景観整備条例」や「京都市風致地区条例」などの条例が制定されているが、前者の条例では、「美観地区」、「美観形成地区」、「建造物修景地区」などが定められており、各地区の景観に関して規制及び基準が設けられている。

ここで注目すべきことは、高瀬川以東の地域にはお茶屋など歴史ある和風の建築物が多く残っていて、その多くの地域が「美観地区」に指定されている。しかし、この地区において、風俗施設が存在しているという課題もある。その原因として考えられることは、取り締まりが不足しているだけでなく、条例にある規制の内容が「歴史的建造物に調和すること」や「けばけばしい色彩の意匠や過度の装飾など違和感を与えないもの」など抽象的なこともある。

一方、高瀬川以西の地域は、そのほとんどが「建造物修景地区」に指定されている。この地域でも多くの風俗施設が存在し、外観も派手なものが多くみられる。このように条例による規制にもかかわらず、この地域には数多くの風俗施設が存在するのが現状である。

四　風俗産業に対する市民の意識と取り組み

地域と議会・行政の取り組み

このような状況に関して、この地域付近を生活空間とする住民は、風俗産業に対して否定的な動きをみせている。

平成九（一九九七）年の京都府議会定例会において、ある議員から「地元が本当に取り組まなければならないのは、はんなりとした雰囲気にそぐわない風俗営業店の対策です。立誠小学校が廃校になった後、木屋町や西石垣通りに乱立したいかがわしい店の存在こそが問題なのであります」との発言があった。立誠小学校が廃校になってからわずか四年の間に多数の風俗施設が誕生し、それにかかわる問題が浮上していたことがわかるのである。

平成一六（二〇〇四）年六月には別の京都府議会議員が懇談会（「情緒ある木屋町を取り戻す会」と「中京料

理飲食業組合」が五条警察署と風俗施設に関する話し合い）を持った。その内容をみると、「もともと木屋町は、情緒ある大人の街、観光都市京都のひとつの顔を持ってきたが、近年、ピンクサロンの横行などいかがわしい風俗店の乱立、客引きの横行、暴力事件の多発など、残念ながらいまや怖い街と言われるような状況になってきています」というようなことが指摘され、地域の住民や関係者はかつての情緒ある街が崩壊しつつあり、風俗施設の立地によって治安の悪い地域になっているとみている。

さらに、同年七月に開かれた「高瀬川・木屋町通『環境を守る会』」（以下、「守る会」という）と京都府・京都市・五条警察署の担当者及び風俗施設の代表による地域懇談会をみてみよう。「守る会」は、風俗施設の相次ぐ出店に危機感を持った地元住民と飲食店主らが平成九（一九九七）年に結成したもので、高瀬川の清掃や木屋町一帯の防犯パトロールなどを行っている。この地域懇談会には住民約四〇名が出席し、高瀬街の景観を乱すいかがわしい広告への対策、客引きなど違法行為への対応やパトロールの強化等について話し合われた。これは立誠小学校が廃校になってから四年後のことであり、この時点で既に地域住民は、風俗施設の急激な出店に対して危機感を持っていたのである。

しかし、「守る会」が結成されてから七年経った平成一六（二〇〇四）年においても、その状態は改善されているとはいい難く、さらに取り組みを強化する必要があるとしていたことが伺える。また、警察に対して違法行為の取り締まりやパトロールの強化を求めていることからみても、もはや住民による取り組みだけでは手に負えない部分があったのであろう。

周辺住民の意識

そこで、実際にこの地域及びその周辺地域に住んでいる人々がどのように感じているのかを知るために、アンケート調査を実施した。アンケート調査は、平成一六（二〇〇四）年秋に風俗施設が多い繁華街地域の住民にアンケート用紙を配布して、その場で記入してもらい回収するという方法で実施し、四五名（二〇～七〇歳代までの男性一七名、女性二八名）から有効回答を得た。

その結果の概要として、鴨川近辺には風俗施設が多いと感じている回答者が大多数で、鴨川そのものの景観については問題ないが、その周辺の景観や環境がよくないと感じている住民が多かったことがわかった。また、風俗施設が鴨川及びその周辺の景観や環境を損ねていると感じている住民が多数を占め、風俗施設の影響はないとしている回答者は存在しなかった。限られた数のアンケート調査の結果ではあるが、当該地域の住民は少なくとも風俗施設に対して否定的な意識を持っており、それらの存在が住民の居住空間を害していることがわかった。

五　おわりに

日本の歴史的イメージを代表するとみられている鴨川の近辺において、特に繁華街地域には数多くの風俗施設が存在し、イメージを損なうような影響が顕著に表れている。風俗施設を訪れようとする人々を除けば、周辺に住む人々はこの地域が訪れにくく住みにくい街へと変わりつつあると感じ始めている。昔ながらの趣を重視する「美観地区」においても風俗施設の混在がみられ、和風のイメージを守ろうとする街に違和感を与えている。

風俗施設を皆無にすることは、現実的には恐らく非常に困難であろうが、繁華街のイメージを少しでもよくするという観点から、いくつかの提言をしてみたい。

その一つは、風俗施設の「囲い込み」を実施することである。現在、風俗施設は繁華街地域の中でばらついて立地しているが、それをある特定の区域内に囲い込むことで、多くの地域への影響を減ずることができるのではないだろうか。その特定の区域を「風俗地区」と定めることで、法規制の一環として周辺住民及び他業界との共生の道を探ることが望ましいのではないだろうか。

もう一つは、市民の声を実際に活かすことである。阿部一は、人間と景観は相互に関係しており、了解できない景観が現れると、人々が動きその景観を規制する法律が定められると指摘している。そのためには、まず市民が景観の変化に警鐘を鳴らし、阻止する行動を起こさねばならない。現在、周辺住民によって、そうした取り組みが続けられているが、その規模は小さい。この活動の輪がさらなる広がりを持った段階で、歴史都市・京都の景観及び環境の保全がよりよい方向に向かって行くと期待している。

文献

足利健亮編（一九九四）『京都歴史アトラス』中央公論新社
阿部一（一九九一）「景観・法令・建築―風俗宿泊施設からみた人間と景観の相互関係―」地理学評論A六四－四
阿部一（一九九〇）「景観・場所・物語―現象学的景観研究に向けての試論―」地理学評論A六三－七
加藤政洋（二〇〇二）「都市空間の史層　花街の近代―ひとつの「場所の系譜学」へ向けて―」一〇＋一　二九　INAX出版

京都新聞　二〇〇四年七月二八日記事
京都府議会定例会会議録　平成九年一二月
日本風俗史学会編（一九七九）『日本風俗史辞典』弘文堂
渡会恵介（一九七七）『京の花街』大陸書房

第一九章

歌舞伎発祥前後における鴨川の河原

村上志穂里

一　はじめに

京都の市街地に近い鴨川の河原は、中世以降一貫して芸能の一大興行地となってきた。ここで勧進興行という形態をとって最初に演じられたのは、貞和五（一三四九）年の四条河原での勧進田楽であったといわれている。それ以降、猿楽や田楽などの興行が行われたが、応仁の乱後になると京都の寺社などで興行が行われたにもかかわらず、河原ではほとんどみられなくなった。川嶋将生は、その理由として戦乱によって京都には興行を実施できる空閑地が生まれたことにあると考えている。しかしその後、豊臣秀吉による京都改造によって空閑地が少なくなってくると、再び鴨川の河原が脚光を浴びるようになった。

興行地として鴨川の河原が再び脚光を浴びるようになったことで、その中興の祖とされるのが出雲阿国《いずものおくに》である。阿国が京都で生み出したとされる歌舞伎は、四条河原における興行の発展を導いた。阿国が出現して以降、その変化で注目されるのは、四条河原が発展し五条河原が衰退したことである。そこで本章では、阿国が歌舞伎を創始させた時期に絞って、その前後の四条河原と五条河原での興行の実態を探り、四条河原が興行の中心になっていった理由と背景について検討してみたい。

なお本章では、勧進田楽・猿楽・能・狂言・小唄・歌舞伎など大衆への見世物としての芸能を行うことを「興行」と、それらが行われた場所を「興行地」と称しておきたい。

二　歌舞伎の発祥地と興行地

出雲阿国と歌舞伎

出雲阿国は出雲国杵築中村の鍛冶屋の娘として生まれ、出雲大社の巫女となり勧進のために諸国を巡ったとされるが、不明な点も多くある。その後、慶長八（一六〇三）年、京都で歌舞伎を創始したとされている。写真19－1は、四条大橋東詰にある出雲阿国像である。

歌舞伎は、室町時代から江戸時代初期にかけて京都や江戸を闊歩していた「かぶきもの（傾奇者）」の流れを汲むとされている。彼らはもともと小農などの出自で、若党や中間《ちゅうげん》など武家の奉公人であり、派手な格好をして社会秩序に反逆し乱暴をするなど常軌を逸した行動をした。かぶきものは、為政者からは嫌われてきたが、民衆

写真 19－1　出雲阿国像

からは共感や賞賛を得られたことも事実であった。

阿国は、このかぶきもの達が持つ世俗的な反社会性に着目し、それを誇張してエロスとロマンを盛り込んだ理想のヒーローに仕立て上げた。このことは広く民衆の心を掴み、現在まで続く歌舞伎の原点となった。

発祥地と興行地

歌舞伎発祥の地は北野天満宮であるとされているが、四条河原で歌舞伎が創始されたと記す史料も存在する。後者の史料の信憑性は低いとされるが、本章では阿国が四条河原で歌舞伎を創始したとする説が後世に流布された事実に着目してみたい。『孝亮宿禰記』慶長一三（一六〇八）年二月二〇日の条には「向四条、女歌舞伎令見物、数万人群衆、驚目者也」と記され、これが四条河原における歌舞伎興行についての初見史料だとされている。このことから考えて、一六世紀末まで四条河原での歌舞伎興行はほとんどなかったと見做してよい。それが、歌舞伎発祥からわずかな期間で大規模な興行地として繁栄するようになったのである。

『歌舞伎事始』第一巻には、元和期（一六一五～一六二四

写真 19-2　南座

年）に所司代の板倉勝重が四条河原に七つの櫓を赦免したことが記されている。つまりこの時期には、四条河原は幕府の公認する興行地であり、活況を呈していたことがわかる。寛文期（一六六一～一六七二年）には、芝居小屋整備や興行慣行が確立して興行地として定着し、元禄期（一六八八～一七〇三年）頃に四条河原は興行の全盛期を迎えた。このように、四条河原は阿国歌舞伎の「本拠」というべき興行地であったことから、「元祖」でもあると見做されても不思議ではなかったのであろう。

しかしその後、四条河原の歌舞伎興行は徐々に衰退し、現在では芝居小屋は南座（写真19－2）一軒を残すのみとなった。とはいえ、明治時代以降も近くの新京極通や寺町通には各種飲食・遊興施設が進出し、四条河原一帯は京都最大の興行地として賑わいを保ち続けてきた歴史があった。

三　歌舞伎発祥以前の興行と五条河原

阿国が活動を開始した頃の五条河原は、四条河原の最盛期にも劣らぬほどの興行地だった。浅井了意の『東海道名所記』巻六に、「出雲の阿国といへるもの、五条の東の橋詰めにて、ややこおどりということをいたせり」という記述がある。「ややこおどり」とは子供の踊りであり、歌舞伎の母胎であると考えられている。さらに『翁草』巻九にも、「芝居の地は始め五条の橋の南にありしを…」とし、阿国の一座が五条河原で興行を行ったことを示す記述がみられる。このように、阿国にとって、その初期においては四条河原よりも五条河原に深い縁を持っていたものと思われる。そこで、当時の五条河原の様子を探ってみよう。

前述のように、応仁の乱を契機に鴨川の河原は、興行地としての役割を一度は失っていた。当時の周辺の景観は、広い河川敷の中に流路と草の生い茂った河原がみられるような状態で、この地は豊臣期においてようやく市街地として開発され始めたような段階にあった。

しかし、一六世紀も終わりに近づくと、五条河原周辺で興行があったことを示す史料が現れてきた。『鹿苑日録』には、慶長五～七（一六〇〇～一六〇二）年にかけての五条河原における少年の興行の様子が記されている。ほかに、慶長一〇年代に制作された『洛中洛外図』には、五条河原に芝居小屋が描かれているものが多いし、四条河原の芝居を描かず五条河原だけに描いたものもある。

これらの史料の内容は、いずれも阿国が歌舞伎を創始する前後の様子であるが、それ以前に興行が存在していたことがわかる。『御湯殿上日記《おゆどののうえ》』には天正九（一五八一）年九月、五条河原でややこおどりの興行が行われていたことが記録されている。また、『出来斎京土産《できさいきょうみやげ》』巻之三〈延宝五〈一六七七〉年〉における記述から、豊臣秀吉が伏見城築城に伴い五条大橋を新築させた天正一八（一五九〇）年以前に、この地で芝居興行がなされていたことがわかる。また、『日本庶民文化史料集成（第六巻歌舞伎）』には阿国歌舞伎が、北野から祇園の南林、五条河原、四条河原の順に移動したことが記載されている。

なお、この時期における四条河原に関しては、歌舞伎興行に関する史料の初出が前述のように慶長一三（一六〇八）年と遅いこと、四条河原に先行して五条河原で興行を行った記録が散見されること、『古今役者大全』に元和三（一六一八）年に四条河原には芝居小屋が一軒しかなく複数の役者が代わるがわる務めたという記載があることなど様々な史料から考えて、興行地として発展していたとはいえなかったようだ。

四条通、五条通は、ともに八坂神社や清水寺の参詣路であり、人の往来が多かったために興行地としての条件は備えていたのであろう。さらに文禄三（一五九四）年には伏見城（指月伏見城）が、翌年には方広寺大仏殿が完成し、秀吉の時代において五条通は洛中と鴨東、伏見を結ぶ京都のメインストリートとして賑わい、当時は四条通を凌駕していた。一六世紀半ばまでは荒涼としていた五条河原は、天正一八（一五九〇）年頃までに群衆の喧騒を伴う興行地として急速に発達したことになる。

四　五条河原から四条河原へ

ところが、その後興行の中心地は、五条河原から四条河原へと変化することとなった。その変化に豊臣秀吉が果たした役割には大きなものがあった。

寛延三（一七五〇）年に刊行された『古今役者大全』には、見物する群衆が秀吉の通行の妨げになるとして、興行地を四条河原へ移したとある。ほかに『雍州府志』にも、秀吉が喧噪を嫌ったことを四条河原へ移転させた理由とする記載があることなどから考えて、恐らく一五九〇年代に興行地が五条河原から四条河原へと移されたことと、それは秀吉の意思による可能性が高いことなどが指摘できる。各史料をみる限り、移転された時期は伏見城の築城から秀吉の死までの間（一五九四～一五九八年）頃となろう。

しかし、秀吉が興行地を四条河原へ集中させたと結論づけるには若干疑問が残る。『鹿苑日録』の記載内容や『洛中洛外図』の描画内容との整合が取れないからである。五条河原から興行を排除しようとしたのであれば、永続的な禁止措置をしなければならないが、秀吉の措置については「移動させた」という記録しかみられない。秀吉の命令は、一時的なもので実効性をそれほど期待していなかったのかも知れない。

近世史料には、五条河原における興行に関する記載も多いことからみて、五条河原の興行地は秀吉の措置以降にも残存していたようである。五条河原の衰退は、『歌舞伎事始』・『雍州府志』・『日次紀事《ひなみきじ》』などの史料にある元和年間（一六一五〜一六二四年）に京都所司代の板倉勝重が四条河原の七つの櫓を赦免した事実をもって決定的になったようだ。このことは、四条河原における興行が公認されたことを示すものである。もともと河原における興行は公の許可なしに行われていたことを考えると、この事実は四条河原のみでの興行を許可するということと、それ以外の場所での興行を禁止することの二つを意味するものであった。櫓赦免について守屋毅は、為政者の側から興行を集中的に管理統制する働きかけであり、都市支配の一環だと指摘している。

これ以降、四条河原以外の河原における興行史料は急速にみられなくなった。五条河原は一旦田畑に戻り、その後徐々に市街地化されていったという経緯をたどった。その一部には遊郭が建ち並んだ。遊郭は、中世末期以降鴨川の河原周辺に集まる傾向にあったことは本書の第一七章でも指摘されたことである。

五　おわりに

これまでの検討で、阿国歌舞伎の発祥期を中心に、鴨川の河原における興行地の変遷を追ってきた。四条河原と五条河原は、歌舞伎などの興行地として形成されていったものの、阿国の時代（一六世紀末〜一七世紀初）を境に別の道をたどることになった。つまり、四条河原は歌舞伎興行地として繁栄を極め、京都最大の歓楽街としての現在に結びついていった。これに対して五条河原は、その喧騒も鳴りをひそめ、次第に人々から忘れられた存在となった。

四条河原が繁栄し、五条河原が衰退した理由として、先行研究は「秀吉の意思」よりも「幕府による管理、統制」を重視してきた。筆者もそれに異存はない。しかし、多くの史料が「四条に興行地が移ったのは秀吉の意思」としているのには、何らかの裏面があるように思える。興行の統制への反発を危惧した幕府が「秀吉もやっている」と前例を強調し、反発を回避しようとしたのか、あるいは四条河原側が秀吉を持ち出し自らの繁栄の正当性を主張する根拠としたのか、想定されることはいくつかある。いずれにしても、京都の民衆の太閤びいきがそうさせたことは十分にあり得ることである。

文献

浅井了意　横山重監修（一九七六）『出来斎京土産』（近世文学資料類従／近世文学書誌研究会編『古板地誌編六』）勉強社

浅井了意　朝倉治彦校注（一九七六）『東海道名所記』全二巻　平凡社

浅井了意　横山重監修（一九七九）『京雀』（近世文学資料類従／近世文学書誌研究会編『古板地誌編四』）勉強社

井原俊郎（一九五六）『歌舞伎年表　第一巻』岩波書店

神沢貞幹編　池辺義象校訂（一九〇五）『翁草校訂一』五車楼書店

川嶋将生（一九九八）「中・近世を中心とした鴨川の歴史的景観―文化史的側面から―」研究代表者吉越昭久『河川景観とイメージの形成に関する歴史地理学的研究』平成八・九年度文部省科学研究費補助金基盤研究（C）研究成果報告書

黒川道祐　宗政五十緒校訂（二〇〇二）『雍州府志　上―近世京都案内』岩波文庫

黒川道祐撰（一九九四）『日次紀事』（野間光辰編『新修京都叢書　第四巻』）臨川書店

国立劇場芸能調査室編（一九八六）『日本庶民文化史料集成（第六巻歌舞伎）』国立劇場

小槻孝亮（一五九五〜一六〇五）『孝亮宿禰記』大和文華館蔵
景徐周麟ほか　辻善之助編（一九三五）『鹿苑日録』太洋社
高橋敏夫（一九九八）「出雲の阿国（三）」岐阜聖徳学園大学紀要三六
多田南嶺ほか（一七五〇）『古今役者大全』国立国会図書館蔵
為永一蝶（一七六二）『歌舞伎事始』国立国会図書館蔵
著者不明（一四七七〜一六八七）『御湯殿上日記』国立国会図書館蔵
服部幸雄（一九八〇）『歌舞伎成立の研究』風間書房
原田伴彦編（一九八一）『町人文化百科論集　第六巻　京のくらし』柏書房
舟橋秀賢　山本武夫校訂（一九八一）『慶長日賢録　第一』続群書類従完成会
守屋毅（一九七六）『「かぶき」の時代』角川書店
守屋毅（一九八五）『近世芸能興行史の研究』弘文堂

第二〇章
「京都文化」の演出者としての鴨川

増田恵子

一　はじめに

鴨川は、民衆が力を得た室町時代以降、後に「京都文化」と呼ばれる様々な形態の活動を生み出す拠点となってきた。そこで、鴨川が演出してきた建設（作庭と興行舞台）、演劇（能と歌舞伎）、文化・産業（納涼床と友禅染）の分野に焦点を絞って、京都文化の形成・発展過程を明らかにし、鴨川がそこにどのように関与したのかを考察してみたい。

室町時代には、河原には原則として課税されなかったために、そこには当時の社会の底辺に位置した人々が多く住んでいた。河原は散所とも呼ばれ、そこに居住し様々な生業に従事していた人々を河原者と称した。河原者はいわば雑業者集団であって、牛馬を処理する皮革業、井戸掘りや作庭、芸能興行用の舞台・櫓などの建築、捺染などの染色、運送、農業など多方面の職業に従事していた。その中から、それぞれの職業において優れた才能を発揮する人々が登場するようになり、その才能が京都文化を開花させることになったのである。

なお、ここでいう京都文化とは林屋辰三郎によれば、日本文化に通じ京都という地域文化を究めるものとして設定したものであるとされる。その特質は三つあって、自然的条件（山紫水明という優れた自然や景観）、商業的条件（町人が中心となる生産や販売）、文化的条件（工芸品や芸能・祭・宗教など）をあげている。

鴨川の美しい景観は多くの人を引きつけ、さらにその自然的条件としての清浄な水の流れが、商業的条件としての産業や文化的条件として本章でも取り上げる文化を育んできた。つまり、鴨川の存在そのものが京都文化の一部を演出することにもなった。この事実こそ、本章で鴨川と京都文化を結び付けて考察してみたい理由でもある。

二　建設の演出

作庭

室町時代中期に、慈照寺銀閣に代表されるような公家文化・武家文化・禅宗文化に庶民文化を融合したものを東山文化といい、庭園・書院造・華道・茶道・能などの発達が目覚ましく、それは近世文化の源流になった。この時期の名庭の築造に大きく貢献したのが鴨川の河原者だったのである。作庭は古くから行われていたが、平安時代後期には石立僧という庭師を兼ねた僧が行うようになった。西芳寺（苔寺）や天竜寺の名園などを作庭した夢窓国師は、高名な石立僧であった。

室町時代になって初めて、河原者が専門家として作庭を行うようになった。当初は、日本各地で造園材料を集めることと、完成した庭園を維持するのがその主な仕事であったが、彼らは徐々に作庭技術を習得していった。こうして、その中から天才的な作庭家である善阿弥が出現することとなった。善阿弥は、一五世紀中頃、室町上御所の作庭を行っただけでなく、慈照寺銀閣の作庭にもかかわるなど多くの名園を残した。その後も、ここから育った多くの庭師たちは、名園の作庭に携わっていった。現在に伝わる日本の代表的な庭園は、河原者の貢献なしには成立し得なかったといっても過言ではない。

興行舞台などの建築

河原者の中には、作庭だけでなく建築に携わった人々もいた。それを青屋大工という。青屋は、捺染にかかわった職能集団のことをいうが、藍染めを行うと共に、近世になると町奉行のもとで二条城の掃除役や牢屋敷外番役を務めるようになった。これは、中世以来、彼らが検非違使のもとで刑吏役を務めたことによる。それに関連して、処刑道具や牢屋の建築も行うようになっていった。しかし、一般の大工である寺大工のように住宅や寺社の建築にはかかわれなかった。青屋大工は、前述のようなものだけでなく芸能興行用の芝居小屋・舞台・桟敷・櫓などのほか、遊廓などの建築を請け負ったことが大きな特徴である。近世には、青屋大工の多くは清水坂および壬生寺周辺に住んだといわれている。

三　演劇の演出

能

能は、シテと呼ばれる主演者の歌舞を中心に、地謡や囃子などを伴って構成された音楽劇である。能の起源についてて正確なことはわかっていないが、七世紀頃に中国大陸より日本に伝わった日本最古の舞台芸能である伎楽《ぎがく》や、奈良時代に大陸より伝わった散楽《さんがく》と融合したものではないかともいわれている。散楽は当初、雅楽と共に朝廷に保護されたが、鎌倉時代には民衆の間に広まり、それまでにあった古来の芸能と結びつき、物まねなどを中心とした滑稽な道化芸である猿楽に発展していった。その後、田楽の要素も取り入れて話の筋のある歌舞劇である能になった。室町時代初期に、大和猿楽の流れを汲む観阿弥・世阿弥親子が足利義満の庇護の下、賤民の芸であった猿楽を様式化し、能へと磨き上げていった。

観阿弥の能は、農村や寺社によって支えられ、各地を遍歴した猿楽の面影を残したものであるのに対して、世阿弥の能は一個の人間の深層を掘り下げるような、貴族的なものであった。その後の能は、武家社会の式楽として定着し、庶民が能に触れる機会は減っていったが、能の謡曲は習い事として流行し、庶民に強い関心を持たれた。現在では、能は日本を代表する伝統的な仮面演劇として世界的に知られるようになり、海外公演も行われるようになった。

能の起源は、散所の賤民の芸・猿楽にあったことは確かである。

歌舞伎

歌舞伎も能と同様に、鴨川の河原に起源を持つ演劇であった。

歌舞伎は、出雲阿国によって創始されたといわれている。阿国は、四条河原や北野神社で念仏踊りを演じたが、それは扇情的な衣装でなまめかしく、好評であった。阿国は観客席の中から役者を登場させるなど、常識破りの演出をするなどした。こうして、阿国は歌舞伎を創始するようになった。阿国の歌舞伎踊りが空前の人気をみせると、まもなくこの踊りをまねる人々が現れた。遊女による女歌舞伎は、風紀を乱すという理由で禁止された。その後現れたのが少年による若衆歌舞伎であるが、これも禁止されたため、成人男性だけで演技され、女形の役者が誕生し、脚本が導入され歌舞伎が戯作に転換するという形式に変わっていったのである。

当時の四条河原における様子を知ることができる史料がある。『露殿物語』という紀行文には「四条河原をとをらせ給えば、ここかしこに、さんしきねすみたうをかまへ、そのいゑ〳〵のまくをはり、よせ太鼓を打ちならしけるほとに、露殿よりてかくを見給えは、さとしま歌舞伎とかくもあり、…ま事花の都ぞ…」と、京見物をしたときの様子が記されている。

こうして、四条河原において歌舞伎は単なるショーから正統的歌舞伎演劇へと成長していったのである。一七世紀の後半には、鴨川の河原には七つの本格的な歌舞伎の芝居小屋が並び、ほかに浄瑠璃小屋なども建つようになって、四条河原はおおいに賑わった。しかしその後、火災や都市整備の影響を受けて、四条河原の歌舞伎座は閉鎖されていって、明治時代の中頃になって南座が唯一の芝居小屋となり、現在に至っている。

四　文化・産業の演出

納涼床

人々が鴨川とかかわる中で考案され、受け継いできた文化に納涼床があった。近世初期に、鴨川に本格的な堤防が建設されて以降、京都の人々は夏になると、夕涼みを兼ねて鴨川に出向くようになった。それ以前にも、秀吉の時代に裕福な商人が客を接待するために、鴨川の浅瀬に床几を置いたことが知られているが、『日次紀事』には一七世紀には鴨川での納涼床が年中行事のようになったことが記されている。歌舞伎の興行が行われた四条河原では、氷屋・ところてん屋・うどん屋・甘酒屋・小料理屋などが軒を連ねていた。図20-1は、一八世紀末の夕涼みの様子で、河原に置かれた床几での人々の様子が描かれている。一七世紀後半に活動した俳人の松尾芭蕉は、「夕月夜のころより有明過るころまで川中に床を並べて夜もすがら酒を飲み、物食ひ遊ぶ。女は帯の結び目いかめしく、男は羽織長うし着なして、法師・老人ともに交り、桶屋・鍛冶屋の弟子まで、暇得顔に歌ひののしる」とその賑わいを記した。また、その様子は多く

図 20-1　四条河原の夕涼

（都林泉名所図会）

の名所図会類にも描かれてきた。納涼床は、一八世紀までは一時的な床几が中心であったが、一九世紀になると茶屋本体に付随した本格的なものも現れるようになった。

明治時代に入って以降、何回かの鴨川の改修工事を受けて納涼床の形態は大きく変化したが、現在のような鴨川の河川敷に造られた「みそそぎ川」の上に高床形式になるのは昭和一〇（一九三五）年の大水害後の改修工事の結果であった。平成一二（二〇〇〇）年には五月一日〜九月三〇日までの期間に、鴨川西岸に八〇軒ほどの納涼床が設置されるようになった。

納涼床は、景色を眺め、風の香りや川のせせらぎなどを五感で楽しむ社交場となり、京都文化を象徴するものの一つにもなっている（第二一章参照）。

友禅染

友禅染は京都を代表する染色工芸であり、明治時代には鴨川・堀川・白川などで友禅流しと呼ばれる洗い流し作業が行われ、京都の風物詩として知られてきた。

友禅染は、絹などの布地に人物や花鳥など華麗な絵を描いた染め物であるが、色が混濁しないように糊置きという防染技法を用いたことが特徴である。このような手法を用いた染色は近世初期から存在したが、元禄期（一六八八〜一七〇四年）頃に、宮崎友禅という絵師によって完成されたといわれている。なお、友禅は晩年になって生国の加賀に戻って友禅染を広め、これが加賀友禅になった。近世までは本友禅である手描きによる方法で作成されたもの（手描き友禅）が主体であったが、明治時代になると型紙を使った型友禅が増え、量産されるようになった。

手描き友禅には、河川で洗い流す友禅流しという工程は存在しなかった。鴨川などの河川で友禅流しが行われるようになったのは型友禅が取り入れられた明治時代になってからであった。型友禅の手法では、蒸しあがった友禅を水洗いする必要が生じたためである。その意味では、北山から流れくだる鴨川は、友禅流しを行うには絶好の舞台であった。昭和三〇年代にはまだ、鴨川で友禅流しが行われていたようであるが、その後鴨川の汚染がひどくなった。そのため、昭和四六（一九七一）年には水質汚濁防止法が施行されたことで、友禅流しは完全に姿を消して、染織工房の屋内の地下水を用いた施設に移行した。現在でも、堀川周辺などでは良質の地下水を用いて染織業は存続している。近年では毎年夏に、鴨川において「鴨川納涼・友禅流しファンタジー」（写真20－1）という事業の一環として、友禅流しのデモンストレーションが行われ、往時を偲ぶことができる。

写真 20-1　友禅流しファンタジー

（撮影：土村清治　出典：『ひとはなにを着てきたか』文理閣）

五　おわりに

中世から近世にかけての鴨川の河原は社会の底辺層の居住・活動空間であった。彼らは河原者と呼ばれ、寺社や貴族の要請で様々な仕事を請け負う雑業者集団であったが、その中から特別な才能を持った人々が現れてきた。その一部については本章で記述した通りである。当時の民衆には勢いがあり、権力者と共に河原者の才能を抱えうるような時代の流れとが合わさって、永く人々に愛され、受け継がれてゆくエネルギーを秘めた文化が誕生していった。

本章で対象としたのは、人々が多く集まる舞台となった鴨川の河原である。そこで能や歌舞伎が生まれ育ち、庭師が巣立っていった。また、そこから建造物や文化・産業へと昇華されていったことも事実である。鴨川は過去でも現在でも、京都のシンボルとして人々が集う場所であると同時に、京都文化を生みだしそれを育て上げてきた主役でもあった。

文献

青木國夫ほか編（一九八二）『江戸科学古典叢書三九　職人尽絵詞・人倫重宝記』恒和出版
出石邦保（一九七二）『京都染織業の研究―構造変化と流通問題―』ミネルヴァ書房
京都市建設局編（一九九三）『京の川―山紫水明処　二版』京都市建設局
京都府京都文化博物館学芸第一課編（一九九一）『京の歌舞伎展―四条河原芝居から南座まで―』京都府京都文化博物館
黒川道祐撰（一九九四）『日次紀事』（野間光辰編『新修京都叢書　第四巻』臨川書店）

今栄蔵（一九九四）『芭蕉年譜大成』角川書店
西川幸治・高橋徹（一九九九）『京都千二百年（下）世界の歴史都市へ』草思社
林屋辰三郎（一九八一）『京都文化について』京都国立博物館　学叢三
林屋辰三郎（一九八五）『京都文化の座標』人文書院
原田伴彦編（一九八四）『京都千年　第三巻　庭と茶室』講談社
毎日新聞社（一九五九）『鴨川―生きている京の歴史―』毎日新聞社
松尾芭蕉（一九五五）『泊船集』和泉書院
盛田嘉徳（一九九四）『中世賤民と雑芸能の研究』雄山閣
柳沢昌紀ほか編（二〇一四）『仮名草子集成　第五二巻（露殿物語）』東京堂出版
横井清（二〇〇二）『室町時代の一皇族の生涯―『看聞日記』の世界―』講談社学術文庫

第四部　鴨川の景観とイメージ

第二一章
古写真からみた鴨川のイメージ

平田仁孝

一　はじめに

写真の起源を明確に求めることは難しいが、現在につながる銀板写真（ダゲレオタイプ）は、一八三九年にルイ・ジャック・マンデ・ダゲールによってフランスで確立されたものである。日本には四年後にその写真機材が持ち込まれて、写真の歴史が始まった。この時期は幕末期で、写真が導入された初期の頃には人物の肖像写真が主体であった。

明治時代の初期に、これらの写真機材を用いて、外国人客への土産としてあるいは輸出用に撮影された日本の写真に、彩色を施した加工写真が盛んに作成された。これを「横浜写真」と呼んでいるが、安価な絵葉書に代わる明治二〇（一八八七）年頃までこの作成は続いた。横浜写真は、その作成の中心が横浜であったことからそのように称されたが、その後日本各地（京都を含む）で撮影された同種の写真も含めてそのように呼ぶようになった。

横浜写真については、同時期にヨーロッパで流行したジャポニズムやオリエンタリズムの流れと同調して、海外に流布された日本のイメージを表現しているとされる。例えば、小沢健志は横浜写真を、「西欧人の求める東洋の神秘性、異国的興味に応える、商業性のつよい紹介写真で、絵葉書的効用の原型である」として、史料的価値以外についてはあまり高い評価を与えていない。また、内藤正敏は「写真の買い手である外国人に媚びた卑屈な撮影態度」の産物としてむしろ批判している。

これらに対して、佐藤守弘は、横浜写真にはこれを生産することへの社会的要請（観光の大衆化）や社会的態度（観光のまなざし）が読み取れるとし、横浜写真の自然景観表象がヨーロッパの美的規範（ピクチャレスク）に添ったものであり、欧米人の日本景観の見方を規定する側面があると解釈している。筆者もこの佐藤の考え方を採り、横浜写真をもとに日本景観表象をみていくことに意味があるとみている。さらに当時の日本が、対外的に発信することを望んだ景観もまたそこから読み取ることができるかも知れないと考える。佐藤が対象としたものは自然景観であった。しかし、当時の旅行者は自然だけでなく都市を周遊することも多く、人文的景観を写した横浜写真も多数存在している。

そこで本章では、人文・自然の両方の特徴を備える京都の鴨川・保津川（桂川）を写した横浜写真をもとに、当時の日本がどのようなイデオロギーを発信する意図を持っていたのか、さらにそれに同調する欧米のジャポニズムが現れていたのかを検証してみたい。これをもとに、鴨川のイメージをとらえてみよう。

二　明治時代の京都と横浜写真

横浜写真の形式は、一枚もののほか写真帳にされたり、表紙に螺鈿《らでん》細工の蒔絵を用いた一種の工芸品のようなものまであった。それは、日本を訪れた外国人客に販売されただけでなく輸出用にも作成された。全体でどのくらいの枚数の横浜写真が作成されたかを把握することは難しい。筆者が確認できた京都を被写体とした横浜写真約一〇〇枚は、金閣寺や下鴨神社などの寺社、および京都ホテル、インクラインなどの明治時代以降の建築物を撮影したものが主体であった。

こうした横浜写真において、歴史的な建築物を重視したという事実は、同時期に進行しつつあった国家の「万代の歴史を持つ日本」というイデオロギーの発信と、それに伴う古都としての京都の整備とどのように結びつくのかは不明であるものの、少なくとも歴史的な建築物が横浜写真によって商品化され、結果的に海外の多くの人々に京都の歴史性を認知させた可能性は指摘してよいであろう。それは、日本において京都が古都として公に整備されつつあった時期と一致することに注目したい。

三　横浜写真に表象された鴨川

前述のような考え方が的外れではないことを証明するかのように、京都を対象にした横浜写真の多くは建築物を被写体としており、鴨川を取り上げたものは意外に少ない。その中でも、以下の三枚について検討してみたい。

写真21-1は、三条大橋を写したものである。三条大橋は旧東海道の起点（終点）であり、三条通は明治時代における京都の中心街であった。この写真では、三条大橋の全景が、西から東に向けて比較的高い視点から甍の波がみえるように写されている。写っている人が少ないために、橋そのものの建築物としての

写真 21-1　三条大橋

（白幡洋三郎『幕末・維新 彩色の京都』京都新聞出版センターより）

写真 21-2　四条大橋

（白幡洋三郎『幕末・維新 彩色の京都』京都新聞出版センターより）

存在感が強調されている。ここでは、鴨川は橋を強調し、全体として落ち着かせる効果を持たせているようにみえるが、あくまで他の構成物（家並みや東山など）と融合して街の風情を表現する脇役にとどまっている。

写真21-2は、三条大橋の南にある四条大橋を写したものである。四条大橋も京都の繁華街に位置しており、八坂神社の参道にあって祇園祭がここを渡るなど特に町衆とのかかわりが深い橋であった。この写真も高い視点から、西から東に向けて四条大橋と対岸の祇園・八坂神社へ行き交う人々を見下ろす形で撮影されている。橋上を広く写し、賑わいを強調した構図となっている。四条通とそれに交差する堤防（護岸）の直線を効果的に用いて、遠景の東山、中景の祇園町、近景の四条大橋の対比が明瞭となっている。この写真では、一点透視的な奥行きをもって迫る四条大橋・四条通と、その上を往来する人々の動きに対して注意が向けられているのに対して、

写真21-3　納涼床

（長崎大学附属図書館所蔵）

鴨川は平板な背景として沈んでいる。鴨川の流路部分や中洲もあまり強調されている感じは受けない。この写真においても、鴨川は写真の背景、または余白としての役割を与えられているのみである。

風景および建築物が主題となっている以上の二枚に対し、風俗が中心になっているのが写真21－3である。現在でも夏季の風物詩となっている鴨川の納涼床とそこで興じる芸妓を、恐らく東から西に向けて上流側を撮影しており、遠景として橋がみえる。この写真には、納涼床の六人の芸妓を中心に雪洞《ぼんぼり》などと共に写されている。つまり、欧米において日本的と見做されているものを、自然景観の中に取り込むことによって、風流な時間を過ごす京都を表現しようとしている。この写真において、被写体の芸妓たちの視線は一点に集中する形にはなっておらず、思い思いに会話をしている様が表現されている。しかし、あくまで鴨川は主体ではなく、それはぼやけた背景にしか過ぎない。つまり、鴨川の景観よりも風俗に重点が置かれた写真であった。こうしたいわゆる日本の風俗写真にも人気があり、実際によく売れたという。

このように鴨川の三枚の写真の中で、橋を写した二枚は都市を構成する対象として、風俗を写した一枚は風流を表現する舞台装置として表象されているのである。ここで表現されたのは、鴨川そのものの美ではなく、それが背景となって表現される古い歴史と風流な人々の生活の美なのである。

四　横浜写真に表象された保津川

保津川を写した横浜写真として写真21－4を取り上げてみたい。この写真は、現在の京都市と亀岡市の境界付近の保津峡を写したものである。当時から保津川は、風光明媚な峡谷で川下りができるレクリエーションの場として外国人に人気があった。

この写真には、峡谷・急崖・早瀬・渕・岩肌など自然のダイナミックな様子と、比較対象としての人間と人工物である船の小ささを強調する構図が採られている。ここでの人間は、自然のダイナミズムを演出する脇役に過ぎない。このような、自然物の変化に富んだ様子と、人間の小ささを強調する構図は、一七～一九世紀ヨーロッパの風景画に共通するものであり、佐藤の主張する景観鑑賞の規範としての「ピクチャレスク」の存在を確認できる。実際の保津川は、近世の初頭に京都の豪商・角倉了以によって木材を運搬するため人工的に舟運路が開削された河川であった。そのため、保津川は必ずしも自然のままではなく、むしろ人工的・都市的な河川といった方が実態に近かったのであるが、この写真では、前述の鴨川の写真とは対照的に、歴史や人間生活との関連についてはほとんど表現されていない。

保津川ではこのほかに、保津峡の終点となる嵐山

写真 21-4　保津川

（長崎大学附属図書館所蔵）

を写した横浜写真も存在するが、そこでも峡谷美を強調した構図になっている点では共通する特徴を持つ。

五　おわりに

本章では、京都の鴨川、保津川を対象にした横浜写真の検討を通して、河川の表象のされ方とそこから読み取れるイメージ、および表象の背後にある景観鑑賞に関する規範を考察してきた。掲載する写真の枚数上の制約もあって、充分な議論がなされたとはいえないが、以下にまとめておきたい。

京都全体を対象にした横浜写真は、寺社などの歴史的文化的建築物を写したものが多数を占めていた。京都に歴史的建築物が相対的に多く集積していたためであったのか、あるいはその背後に京都を古都として強調しようとする意識的・無意識的な配慮があったのかは不明であるにせよ、結果的にはみる人に京都が歴史ある古都であり、日本文化と深くかかわる都市であるというメッセージを伝えることができた。ここでは、鴨川は自然そのものではなく、都市の一部あるいは人々の生活の場として表象されていた。鴨川は、「川の流れる街」の生活と歴史を賛美する演出道具として、京都のイメージの創出に与する役割を担わされていた。

これに対して、実態はどうであれ保津川は、京都の街とはほとんど関係しない純粋な自然景観ないしはピクチャレスクに添った景観として表象され、そこでは人々やその生活は無視されていた。保津川の表象のされ方には、自然景観の強調と賛美がみられた。保津川では、鴨川と違って歴史や人々、生活は小道具であり、その自然こそが尊ばれたのである。

このように、純粋な自然景観の鑑賞だけでなく、人文的な景観に関する鑑賞の規範にも、日本が望んだ歴史大国というイメージと欧米のジャポニズムの影をみることができる。
現在の我々が持つ鴨川のイメージには、鴨川そのものが持つイメージだけでなく、操作され一定の方向に誘導されたイメージも加わっていることを知っておかねばならないだろう。

文献

アーネスト・サトウ編　庄田元男訳（一九九六）『明治日本旅行案内　下巻　ルート編二』平凡社
小沢健志編（一九九七）『幕末・明治の写真』ちくま学芸文庫
菊池昌治（一九九七）『写真でみる京都今昔』新潮社
佐藤守弘（二〇〇一）「観光・写真・ピクチャレスク—横浜写真における自然景観表象をめぐって—」美学芸術学一六
白幡洋三郎（二〇〇四）『幕末・維新　彩色の京都』京都新聞出版センター
B・H・チェンバレン、W・B・メイソン　楠家重敏訳（一九八八）『チェンバレンの明治旅行案内—横浜・東京編—』新人物往来社
内藤正敏（一九七一）「開化期」日本写真家協会編『日本写真史一八四〇〜一九四五』平凡社所収
W・ヘンクマン、K・ロッター編　後藤狷士ほか監訳（二〇〇一）『美学のキーワード』勁草書房

第二二章

名所図会類の絵からみた鴨川の橋

山口　瞬

一　はじめに

平成九（一九九七）年に、鴨川の三条大橋と四条大橋の間にパリのセーヌ川に架かるポン・デ・ザール（芸術橋）を模した橋を新設する計画が京都市から発表されて、大きな議論を巻き起こしたことがあった。市民の反対運動などがあったために、その翌年にこの計画は中止されることになった。結果的に、長い歴史を持つ鴨川とそこに架かる橋に対して、京都市民が強い関心を抱いていたことを知ることとなった。

本章では、近世の名所図会類の絵などを用いて、鴨川に架かる三条大橋・四条大橋・五条大橋という主要な三つの橋について、近世にはどのような橋であったのか、さらに当時の人々がそれらとどのようにかかわっていたのかを検討してみたい。これまで、絵を資料として用いた研究や、鴨川に架かる橋の構造についての研究などもみられるが、本章ではそれらをもとにして橋の構造だけでなく、特に人々の橋の利用方法、考え方などにも焦点をあててみたい。

なお、名所図会類は手摺り木版画であるが、本章では木版画の絵も手描きの絵に含めて扱っておくこととする。

二　鴨川の橋とそれを描いた絵

幕府の費用によって架けられた橋を「公儀橋」と呼ぶが、その公儀橋は『京都御役所向大概覚書』によれば正徳期（一七一一〜一七一六年）において、洛中・洛外に大小あわせて一〇七カ所あったとされる。鴨川に架かる三条大橋・五条大橋をはじめ、洛外の宇治橋・観月橋など、公儀橋は交通の要衝である主要街道に架設された。京都には、この公儀橋以外にも多くの橋があって、それは地域の人々が勧進《かんじん》と呼ばれる募金行為などを通じて費用を集め架橋したもので、「勧進橋」と呼ばれた。本章で対象にする三条大橋と五条大橋は公儀橋であったのに対して、四条大橋は勧進橋であった。『都名所図会』には、公儀橋であった三条大橋・五条大橋は描かれたのに対して、勧進橋であった四条大橋を描いた絵や解説がなかった。なお、『都名所図会』の絵には社寺を取り上げたものが多く、橋に関してはあまり多く存在しない。このほかにも多くの名所図会類が刊行されているし、『洛中洛外図』などの絵も描かれている。そこで、これらの絵をもとに三つの橋について考察を加えることとするが、絵は写真と異なり絵師の主観的要素が入りやすいという問題がある。しかし、景観などに限っていえば、焦点をあてたいものを強調することはあっても内容はかなり写実的であり、そこからある程度の事柄を読み取ることは可能であろう。

三　三条大橋

三条大橋は京都の主要街道の一つであった三条街道の鴨川に架けられた橋で、古くから存在していたものの不明な部分も多い。室町時代後期における応仁の乱（一四六七～一四七七年）の頃には既に存在しており、その後、豊臣秀吉が天正一八（一五九〇）年の北条征伐の際に本格的な架橋工事を実施し、六三本の石柱を備える橋を完成させた。この橋は、日本で最初の石柱橋といわれ、当時では非常に珍しいものであった。現在、橋の西詰に保存されている石柱（写真22-1）はその橋脚の一部である。

この三条街道は、近世には五街道の一つの東海道とされ、東の起点が江戸日本橋であったのに対して西の起点が三条大橋であった。名所図会類には、人々の往来の激しい賑やかな橋として描かれた絵が掲載されている。例えば、『都名所図会』（図22-1）には、橋上を大名行列が渡っている様子が描かれている。三条大橋以外の橋で大名行列の様子が描かれた絵が見当たらないのは、朝廷権力と大名の接触を恐れた幕府が大名の往還路を三

写真22-1　天正期の橋の石柱（三条大橋西詰）

条大橋に限っていたためであった。三条大橋の西詰（鴨川の左手側）には、京都所司代が管轄した高札場があった。そこには、大津・伏見・淀などへの人馬の駄賃、木賃銭などの規定を掲げるなどされた。鴨川の西岸にみられる石垣は、寛文一〇（一六七〇）年に完成した「寛文新堤」で、堤防というよりむしろ石積護岸に近い形態をしていたことがわかる。

図22-2は、伊勢へ参拝するための名所案内書である『伊勢参宮名所図会』に描かれた三条大橋の往来の様子を描いた絵である。橋上を行き交う人々の様子に焦点が当てられているが、遠景となる祇園から東山の景観、河川敷における人々の活動も描かれている。橋上には帯刀し従者を連れた武士、被衣姿《かずきすがた》の女性達、会話を楽しむ旅人達、南方を指差し案内する人、天秤を担ぐ商人など様々な人々を確認することができる。また、荷を積んだ牛車が橋上ではなく、

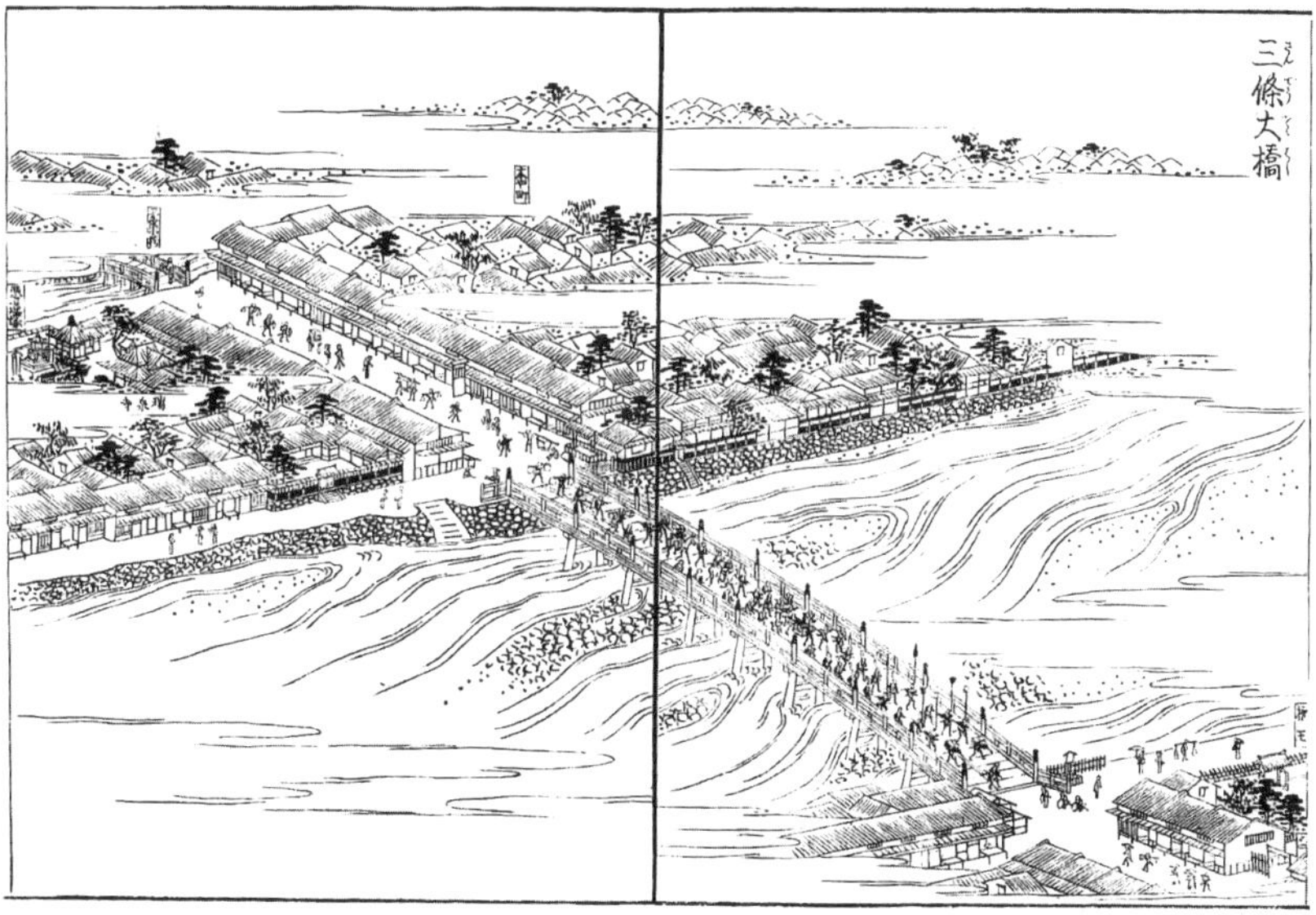

図 22-1　三条大橋

（都名所図会）

橋のすぐ下流の河川敷を通行しているのがわかる。この理由は、牛車が人通りの邪魔になること、牛と積荷の重量で橋を傷めないようにすることなどがあった。

ところで、三条大橋が東海道の西の起点であることは前述した通りであるが、これは三条大橋付近が旅の終点になったことも意味する。京都を目指して東海道を利用してきた旅人は、山科から蹴上の坂を降りて三条大橋を渡った。図22-2には、橋の西詰において土下座をして客を出迎える男性が描かれていて、旅を終えた人を三条大橋の西詰で出迎えるという習慣があったことがみて取れる。逆に、旅の見送りは三条大橋の東詰めで行われたようで、三条大橋が出会いと別れの場所として認識されていた。絵には表現されていないが、三条大橋の西には多くの旅籠が並び、この付近はさながら宿場町としての様相を呈していた。

図22-2　三条大橋

（伊勢参宮名所図会）

四　四条大橋

今日でこそ、鴨川三大橋の一つに数えられる四条大橋であるが、前述したように『都名所図会』には四条大橋を主題とする絵は存在しない。四条河原近辺を描いたほかの絵をみても、四条大橋を主題にしたものはなく、四条河原における夕涼みの様子や芝居風景など、芸能・遊楽の場として描いたものが主体になっている。四条大橋は三条大橋・五条大橋とは異なり、街道に直結していなかったために公儀橋とはならなかった。しかし、四条大橋は八坂神社への参詣道にあり、また四条河原付近を描いた名所図会類の絵はかなりの数が存在することから、ここでは四条河原付近という視点から人々の様子をとらえてみよう。

近世には、祇園御霊会（祇園祭）の御輿が御旅所に移されている六月七日から一八日（共に旧暦）までの一二日間が夕涼みの期間として設けられていた。現在、六月一日からの一〇〇日ほどの間に、鴨川西岸の旅館・料亭などで納涼床が造られていることと比較すると、近世における夕涼みの期間は非常に短かった。四条河原付近を描いた名所図会類の絵には納涼の様子が描かれており、四条河原付近の納涼は、当時の人々にとって短い期間といえども大変貴重な時期であったようだ。

図22-3は、『都名所図会』に描かれた北西方向からみた四条河原の夕涼みの様子である。現在では納涼床は鴨川の西岸にしか設置されていないが、当時の四条河原では両岸にあり、さらに中洲全体に芝居小屋・茶屋・料理屋・見世物小屋のほか床几が設置され、多くの人々が楽しんでいる様子が知られる。この絵の遠景には、祇園の街並みや東山が描かれている。とりわけ注目されるのが、芝居小屋である。現在に

つながる南座のほかに、その北側（北座）やさらに東側にも芝居小屋があったことがわかる。また、四条河原には見世物小屋もあって、人形操りや曲持ちを演じていた。京都の夏は殊《こと》の外《ほか》暑く、涼をとるにふさわしい水辺も少ないことから、ここに多くの人々が集まり夕涼みを楽しんでいたのであろう。

　四条大橋は、近世にも鴨川の度々の洪水によって流失しており、その度に土地の人や祇園社から寄付金を募って新設された。四条大橋は、『都名所図会』が刊行された安永九（一七八〇）年の二年前に洪水で流失した。このため、当時の四条には大橋がなく流水部分だけに仮橋が架けられた状態だった。恐らくこのことが、『都名所図会』には四条大橋が描かれなかった理由でもあった。その後、四条大橋は、安政四（一八五七）年になって四二本の石柱を備えた、長さ五〇間、幅三間の橋として姿を現した。

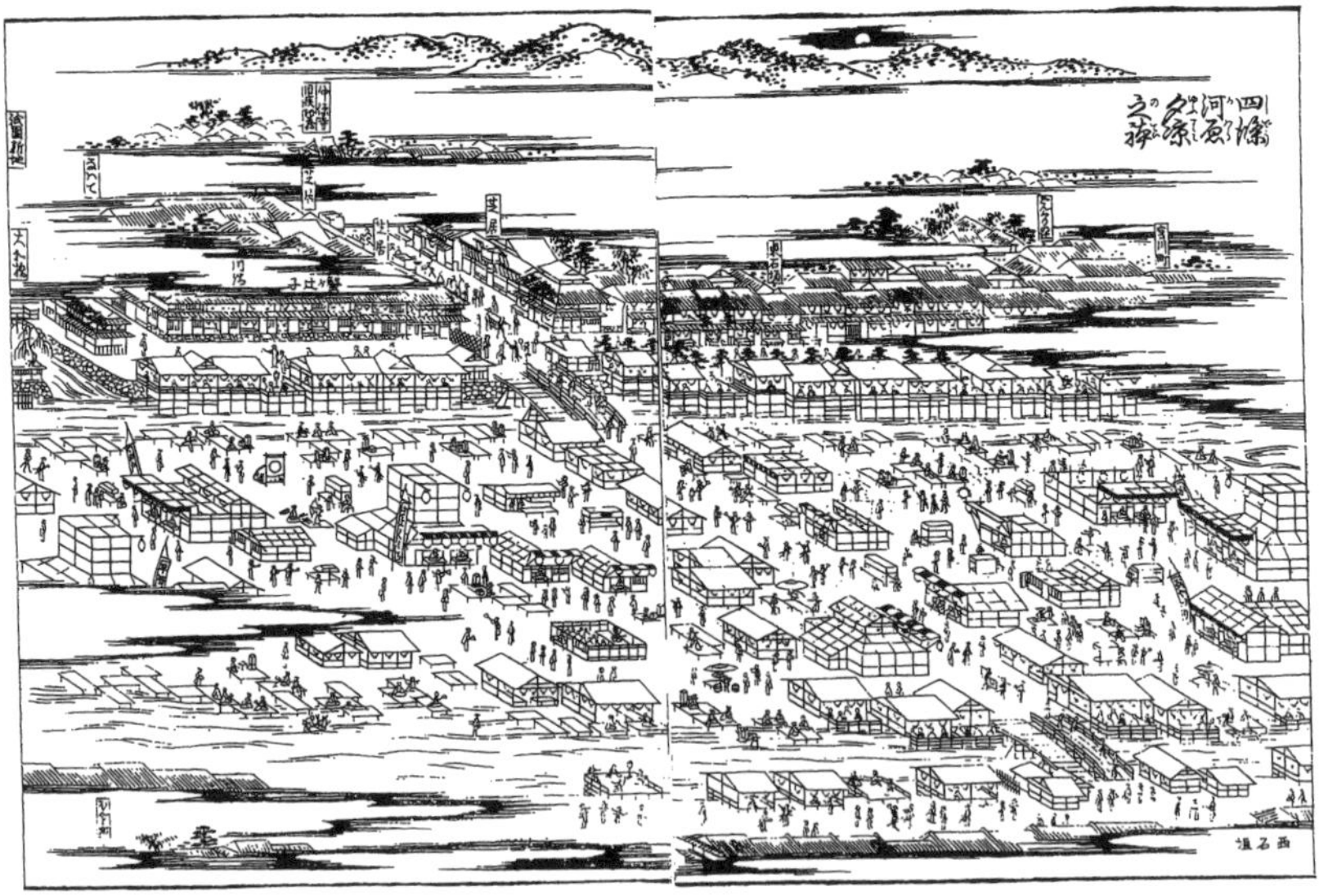

図 22-3　四条河原夕涼

（都名所図会）

五　五条大橋

五条大橋は、幕府の定める五街道には含まれない伏見街道の起点であり、方広寺大仏殿や豊国廟への参詣者の通行を目的とした橋であった。五条大橋は、方広寺大仏殿へ通じる道である六条坊門小路に橋がなかったために、豊臣秀吉によって本来の五条大路（現在の松原通）にあった橋が移築されたものであった。このため、通り名も五条橋通（後に五条通）と呼ばれるようになって、もとの五条通は松原通となった。有名な牛若丸と弁慶の逸話は、現在の松原橋でのことを指している。

ところで、名所図会類とは多少異なる絵が『洛中洛外図』に描かれている。そのうち、舟木本は、近世前期の慶長期（一五九六～一六一四年）の作といわれており、現在東京国立博物

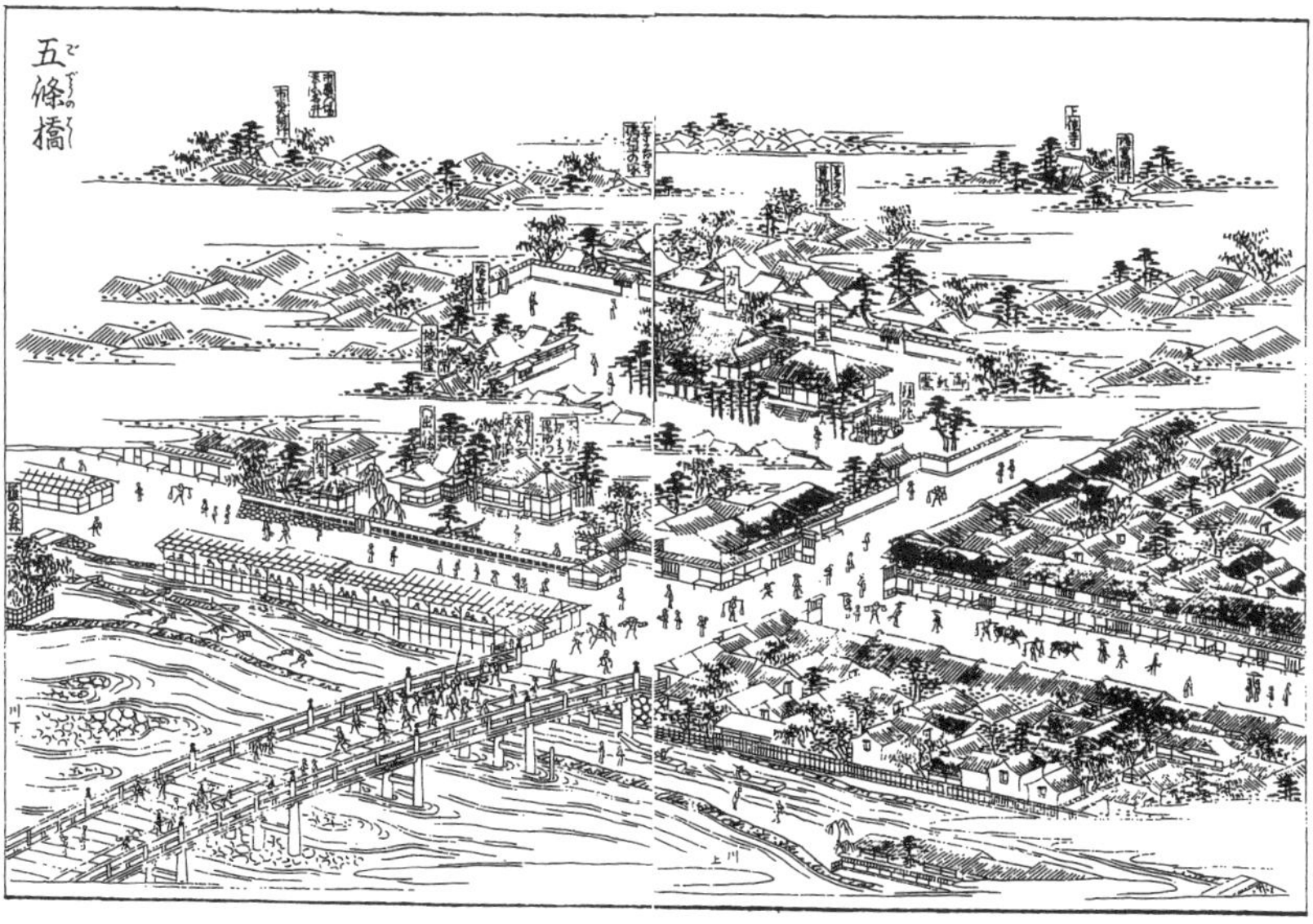

図22-4　五条大橋
（都名所図会）

館に所蔵されている。そこには近世前期の五条大橋をみることができる。橋上には、花見帰りの一行が踊り騒いでいる情景や、物売り・物乞いなどの姿が描かれている。橋の東詰には両替の店が、西詰には髪結いの店（出床）がみられる。ここで、この髪結いの店に着目してみよう。近世には人々の貧富の差が大きく、髪を結うことのできた人は少数であった。人々の往来が多い橋の袂では、経済的に豊かな顧客もいて商売になったのであろう。また、髪結いは通常外を向いて営業していて町の様子を把握できたことから、髪結いは髪を整えるだけでなく近世には町の治安機関としての役割も果たしたといわれている。

『都名所図会』（図22-4）には、南西から北東方向をみた景観が描かれ、東山の社寺が遠景に、建仁寺が中景に、五条大橋が近景に配置されている。鴨川の河川敷は建仁寺の西にある現在の縄手通（大和大路通）の近くまであって、舟を引く人々の姿（『洛中洛外図』舟木本にも薪を積んだ船が描かれている）もみえる。建物がある中洲を跨ぐようにして架けられた五条大橋が京都と鴨東の地域を結び付けている様子がわかる。

六　おわりに

ここまで、近世における鴨川の三条大橋・四条大橋・五条大橋について、名所図会類などに描かれた絵を資料として、鴨川に架けられた主要な橋の景観や人々の動きや表情を通して、人々の考え方などについてもとらえてきた。

橋が公儀橋か勧進橋かによっても、あるいは橋が架けられた道の性格や役割によってもその景観が異なり、そこを通過する人々の表情の違いなども明らかにすることができた。近世の期間中だけでも様々な社会・経済的な変化があり、景観などは大きく変わってきたが、各橋が持つ特徴はその間あまり大きく変化しなかったのではないかとみている。

橋は現代においても、募金活動や弾き語りなどパフォーマンスの場としての機能も併せ持っている。また、四条大橋や嵐山の渡月橋のように重要な観光資源として認識される橋もある。つまり、橋は渡河するという行為だけでなく、それ自身が人々を集める役割を果たす空間でもあった。

文献

朝倉治彦編（一九七九〜一九八八）『日本名所風俗図会　全一九巻』角川書店
阿部泉（二〇〇二）『京都名所図絵』つくばね舎
岩生成一監修　岡田信子ほか校訂（一九八八）『京都御役所向大概覚書　上下』清文堂
門脇禎二・朝尾直弘（二〇〇一）『京の鴨川と橋―その歴史と生活―』思文閣出版
衣笠安喜ほか解題（一九九六）『近世風俗・地誌叢書　全一五巻』龍渓書舎
京都市編（一九七二）『京都の歴史五―近世の展開―』学藝書林
小林致広・吉田敏弘（一九八四）「絵図を読む―絵図をどう読むか―」地理二九―一
新撰京都叢書刊行会編（一九八四〜一九八九）『新撰京都叢書　全一二巻』臨川書店
玉井哲雄（一九七八）「都市史研究における絵図史料の利用法について」地方史研究二八―五
野間光展編（一九六七〜一九七六）『新修京都叢書　全二三巻』臨川書店
宗政五十緒（一九九七）「近世後期の京五条橋から伏見豊後橋まで―名所図会に見る伏見街道―」龍谷大学論集四五〇
矢守一彦（一九八四）『古地図と風景』筑摩書房
吉越昭久（一九九三）「名所図会類にみる河川景観―近世の京都・鴨川を中心に―」奈良大学紀要二一

第二三章　鴨川親水空間の多様性

佐藤武士

一　はじめに

鴨川とその河川敷は、これまでの長い歴史の中で様々な形で利用されてきたが、現在では治水のためには勿論のことであるが、多くの人々にとって親水空間としても機能している。

本章では、鴨川の河川敷がどのような人々によって、どのように利用されているのかを明らかにし、それがどのような特性を持つのかを検討してみたい。

これまで、河川を評価する研究には、アンケート調査やＳＤ法を用いたものが多かった。ＳＤ法は、河川に対するイメージを特定の形容詞に代表させ、それを尺度化して求める方法であるが、そこから導き出される結果は漠然としたイメージでしかなく、河川に対する具体的なイメージを得ることは難しい。アンケート調査による方法でも、同様な結果しか得ることができないという課題があった。具体的なイメージを検討するためには、実際に人々が河川と接触する現場において、その行為を観察する必要があると思われる。そこで、本章では、ＳＤ法による調査は鴨川を扱ったこれまでの研究を踏まえることとして実施せずに、鴨川における人々の行為を観察することで、行為主体の属性と親水行為の具体的なパターンを明らかにし、その上で人々が鴨川に対してどのような認識を持っていたのかを考察してみたい。

二　対象区域と調査方法

対象としたのは、京都市北区の上賀茂橋から下京区と東山区にまたがる塩小路橋までの約八・二km（一九の橋で区切られた一八区間の右岸・左岸で、合計三六区域）である。なお、出町橋と賀茂大橋の間の区域の左岸は、通常使われている鴨川デルタという名称を用いた。これらの対象区域は、歴史的にみても多くの人々を集めたことが知られているだけでなく、現在においても多くの人々の親水行為を確認することができる。また、鴨川の河川敷は公園としても整備されていて、ハード面においても人を集めやすい河川景観となっていることから、親水行為の観察には適している。

調査は、以下のような方法で行った。鴨川の三六区域の河川敷において、人々の行為を観察し、結果を定量的に把握した。人々をその集合形態から「単独者」、同年代の男女二人連れである「カップル」、それ以外の組み合わせから成る集合体である「グループ」（家族も含む）に分類した。次に、親水空間における行為を動態別に「移動」と「停滞」に分け、移動は移動手段、停滞は具体的な行為によってさらに細分した。そして、これら集団と行為の組み合わせをもとにして、行為の傾向を求めた。さらに、行為と行為者の属性の区域による差異を検討し、鴨川の区域ごとの「親水空間」の特性を明らかにするという方法をとった。

この調査は、二〇〇四年一〇月二三日㈯・二四日㈰の一四時から一七時の間に、下流から上流にむけて

表 23-1　鴨川河川敷における親水空間の利用者数

橋	区域＼項目	移動					停滞				総計
		自転車	散歩	犬散歩	ジョギング	計	カップル	グループ	単独	計	(人)
上賀茂橋	左岸	9	16	5	2	32	23	0	2	25	57
	右岸	2	14	7	5	28	5	0	2	7	35
北山大橋	左岸	15	82	4	5	106	29	24	12	65	171
	右岸	1	34	1	6	42	12	12	9	33	75
北大路橋	左岸	28	35	3	4	70	18	6	0	24	94
	右岸	10	19	4	6	39	12	32	7	51	90
出雲路橋	左岸	10	10	0	0	20	2	2	9	13	33
	右岸	7	3	0	0	10	9	30	3	42	52
葵橋	左岸	0	0	0	0	0	9	14	5	28	28
	右岸	5	14	5	9	33	27	77	0	104	137
出町橋	鴨川デルタ	0	0	0	0	0	40	327	13	380	380
	右岸	13	27	7	0	47	93	267	27	387	434
賀茂大橋	左岸	32	12	1	0	45	0	20	5	25	70
	右岸	10	18	0	0	28	12	94	11	117	145
荒神橋	左岸	23	16	2	2	43	5	21	19	45	88
	右岸	7	7	0	0	14	23	37	5	65	79
丸太町橋	左岸	19	13	2	0	34	8	0	19	27	61
	右岸	0	6	0	0	6	38	40	10	88	94
二条大橋	左岸	38	46	8	0	92	0	0	4	4	96
	右岸	4	46	4	0	54	8	0	0	8	62
御池大橋	左岸	29	10	0	0	39	19	10	10	39	78
	右岸	0	0	5	0	5	38	14	0	52	57
三条大橋	左岸	21	43	0	2	66	3	7	3	13	79
	右岸	0	26	0	0	26	31	31	2	64	90
四条大橋	左岸	0	11	0	0	11	44	39	6	89	100
	右岸	0	0	0	0	0	67	11	0	78	78
団栗橋	左岸	25	23	0	3	51	0	5	5	10	61
	右岸	0	0	0	0	0	0	0	5	5	5
松原橋	左岸	7	4	4	1	16	8	4	11	23	39
	右岸	0	0	3	0	3	0	0	1	1	4
五条大橋	左岸	24	13	2	0	39	0	7	0	7	46
	右岸	0	0	0	0	0	0	0	0	0	0
正面橋	左岸	27	7	0	0	34	20	0	0	20	54
	右岸	0	0	0	0	0	0	0	0	0	0
七条大橋	左岸	0	0	0	0	0	21	21	0	42	42
	右岸	0	5	5	0	10	0	0	0	0	10
塩小路橋											

(1kmの換算値)

徒歩で移動しながら鴨川の河川敷にいる人を観察し、その属性と行為を区域別に求め記録した。両日の平均気温は約二二℃、天気は晴れで快適な条件であった。なお、調査日を土曜日と日曜日に設定したのは、休日における鴨川の親水空間の利用状況を明らかにすることを狙ったためであった。

調査期間に鴨川の河川敷で総計一二二六人を確認することができた。内訳は移動者五三〇人、停滞者六九六人であった。移動しながら調査を行ったために、必ずしも行為の同時性はないものの、かなりの数の親水行為を行っている人を確認することができた。なお、移動者と停滞者がほぼ近い数になったことから、鴨川の親水空間は移動の場としても停滞の場としても同じ程度に利用されていたと思われる。

そこで、鴨川親水空間における移動者及び停滞者数を区域の距離によって差がでないように単位距離（一㎞）あたりに換算した。この結果を区域別に示したものが表23-1であり、本章ではこの換算値をもとに考察することにした。しかし、区域の距離に大きな差がなかったため、実数値と換算値には大きな違いはなかった。

三　移動空間としての鴨川河川敷

図23-1でも明らかなように、移動行為は右岸よりも左岸の河川敷で多く観察された。この理由は、五条大橋以南における右岸河川敷の整備が不十分であるのに対して、左岸の堤防上には幹線道路である川端通が通っており、河川敷にも上賀茂橋から塩小路通まで舗装または簡易舗装された通路があり、通行が容易であることによると考えたい。区域別にみると、北山大橋～北大路橋間で特に徒歩通行量が多かった。

この要因として、出町柳（出町橋付近）以南の左岸側には川端通が通っているために通行量が分散したことが考えられる。

これに対して、出町柳以北では事情が異なっている。つまり、賀茂川左岸には広い道が接しておらず河川敷に通行が集中していること、右岸には主要道路である賀茂街道が通っているが歩道が狭く河川敷に徒歩通行が流入してしまうこと、賀茂川の河川敷における散歩道が整備されていること、賀茂川の水量が少

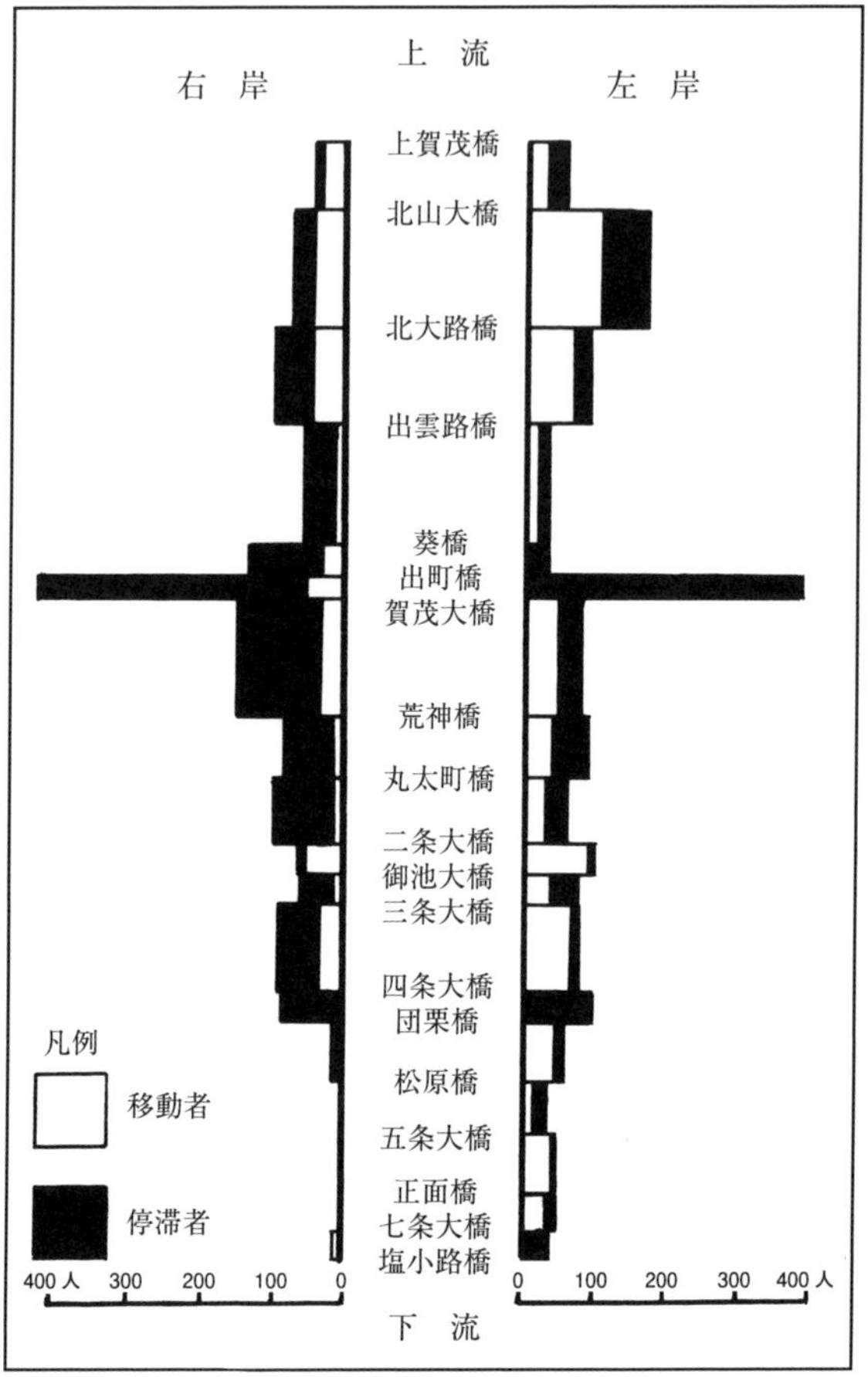

図 23-1　鴨川河川敷における親水空間の利用者数
（1kmの換算値）

なくなり容易に両岸を行き来できるようになっていることなどがある。また、二条大橋〜四条大橋の区域でも通行量が多い傾向がみられたが、この区域は繁華街に近く、人が集まりやすいためであることがその要因にあげられる。

次に、移動者の移動手段をみると、その内訳は自転車一八〇人、徒歩二九五人、犬の散歩三〇人、ジョギング二五人であった。右岸では徒歩による移動が大部分であるが、左岸では自転車を用いた移動が相当数確認された。

鴨川の左岸側河川敷は、ここを移動すること自体が目的ではなく通過交通のために利用する空間と見做されているのではないだろうか。その根拠として以下の二つの理由を指摘することができる。第一は通行の物理的な条件である。河川敷を通ることによって、川端通にある多くの信号を回避することができる。また、川端通付近には京阪電鉄の出町柳駅・神宮丸太町駅・三条駅・祇園四条駅・清水五条駅・七条駅、地下鉄三条京阪駅、叡山電鉄出町柳駅が存在し、通行人数や放置自転車が多く歩行を困難にしている（第二五章参照）。ペースの維持を重視するジョギングや自転車での長距離移動の場合には、堤防を上り下りする労力を差し引いても、河川敷を通行する方が効率的であろう。第二は環境条件である。自動車が騒音と排気ガスを出しながら通過する道路脇の歩道よりも、鴨川の河川敷の方が様々な移動手段にとってよい環境にあり、視覚的にも好ましい。

このように、鴨川河川敷の移動行為の違いには、その区域が持つ様々な環境条件がかかわっていたことが明らかになった。

四　停滞空間としての鴨川河川敷

停滞行為は、対象区域のうち主として中央部から北部で多くみられた。そのうち、本章では特に以下の二カ所について取り上げてみたい。この二カ所は、全対象区域の中でも特に停滞行為が集中していたところである。

まず、鴨川デルタ（写真23-1）を取り上げたい。鴨川が賀茂川と高野川に分岐する地点で両河川に挟まれたところを、京都の人々は鴨川デルタと呼んでいて、そこは京都府立鴨川公園の一部として整備されている。停滞行為は、左岸・右岸共に鴨川デルタから賀茂大橋にかけての区域に集中している。鴨川デルタにはある程度のスペースがあるために、休日には絶好のバーベキューポイントともなっている。本調査においても、五人程度から二〇人近くのグループまで、食事・バーベキューをしているグループを確認することができた。このすぐ下流は、二つの河川の合流点にあたるために川幅が広くなり、飛び石で右岸と左岸を行き来することが可能であり、子供連れの家族を多く確認した。この付近以外では、食事行為はみられなかった。調

写真23-1　鴨川デルタ

査の時間帯が食事時間から外れていたことを考慮する必要があるが、これまでにも鴨川親水空間における休日の食事の多くがこの区域において行われていた。

もう一カ所として御池大橋から団栗橋までの区域を取り上げるが、ここにも停滞者が集中する。ここでの停滞行為の種類は、風景を眺める・会話する・昼寝するなどが多く、それらの行為だけで停滞者の九割以上を占めた。この区域は、三条・四条・祇園という京都の繁華街に接しており、カップルや仲間同士の一時的な休憩の場所として利用されている。京都の面白話として「鴨川カップル等間隔の法則」があるが、この区域では等間隔に座るカップルが確認された。このようなカップルは、夏の夜に最も多くみられるが、本調査は一〇月後半の昼に行ったこともあって、夏ほど多数のカップルを確認することはできなかった。しかし、この区域は他区域に比べればカップルの数も多く、それも右岸側に集中していた。逆に、左岸では同性のペアが多くみられた。この要因として、デートスポットが鴨川右岸側にある寺町・新京極・四条河原町などに多いこと、左岸河川敷の幅が狭いことなどが挙げられよう。左岸側に同性のペアが多いのは、移動中のちょっとした休憩といった感覚で停滞しているためではないかと推測する。

このように、鴨川河川敷の停滞行為は、移動行為とは異なる特徴が認められた。

五　おわりに

本章では、鴨川親水空間の利用形態について検討し、区域によって多様性がみられることを指摘した。左岸においては移動者が卓越すること、右岸では出町柳周辺と三条や四条を中心に多くの停滞行為が観察されたことなどが特徴としてあげられた。こうした行為者数ならびに行為内容の違いには、親水空間の広さと交通路としての整備状況、繁華街への近接性などといった周辺環境に要因があろう。人々が偶然に移動や停滞の場所を選んでいるのではなく、河川敷の環境条件が人々の行為を規定しているように考えたい。
鴨川は、日本の都市河川の中でも極めて多様性を持ち、日常的な親水行為がみられる代表的な河川である。鴨川の清流、整備された河川敷、統一性のある河川周辺の家並み、遠くにみえる山並みに加えて、河川敷にいる人々を含めて、京都の景観として定着しているようである。

文献

久保貞ほか（一九八四）「河川公園に対する利用者の景観認識構造」造園雑誌四七‐五
鈴木康久・大滝裕一・平野圭祐編（二〇〇三）『もっと知りたい　水の都　京都』人文書院
竹村俊則（一九九六）『鴨川周辺の史跡を歩く』京都新聞出版センター
土屋十圀（一九九九）『都市河川の総合親水計画』信山社サイテック
福永弘樹・林春男（一九九六）「都市河川における親水行動の定量的評価」社会心理学研究一一‐三
文野洋・落合正宏・市原茂（二〇〇一）「鶴見川上・中流域の水質と景観・親水行動との関連について」総合都市研究七四
森谷尅久監修　京都商工会議所編（二〇〇四）『京都観光文化検定試験　公式テキストブック』淡交社
横山健蔵（一九九七）『京都　鴨川』光村推古書院
吉越昭久（一九九八）「ＳＤ法による鴨川のイメージ分析」京都地域研究一三
吉村元男・芝原幸夫（一九八五）『水辺の計画と設計』鹿島出版会

第二四章　SD法による鴨川のイメージ

小野慎一

一　はじめに

河川は、本来自然環境の要素を色濃く持っているが、その近くに人々が住むようになって以降、災害を受けやすくなったり、利用しやすくなるなど、人文・社会環境の要素も強く持つようになってきた。とりわけ都市域においてはそれが顕著になってきた。京都の鴨川も、自然環境だけでなく人文・社会環境の要素を持ち、それが鴨川のイメージを形成する極めて重要な特徴にもなっている。

そこで本章では、鴨川をめぐる人々とのかかわりをもとに、鴨川についての人々の意識を明らかにしてみたい。そのために、主に河川に対する人々のイメージを定量的に示す方法を採る。このような研究には、吉越昭久や坪井直央・吉越昭久、土屋英男ほかの成果があるが、これらは鴨川に実際訪れている人に対して現地で直接調査を行っているものではない。また、人々の河川に対するイメージも、その対象を河川のどの地域に設定するかで変化するという課題もある。

このため本章では、実際に鴨川を訪れている人を対象に、鴨川にどのようなイメージを持って訪れているのかをとらえることで、これまでの研究が持つ課題を解決したい。具体的には、先行研究に倣いＳＤ法を用いた。ＳＤ法とは、被験者が抱いているイメージを定量的に評価する方法で、特定の事象に対して「好き－嫌い」などの一つの対になる評価項目について五段階で評価してもらう。本章では、先行研究との対比を行う意味も込めて、松浦茂樹・島谷幸宏が用いた二〇の評価項目を援用して調査を行った。調査の際には、評価項目のほかに性別・年齢・出身地・鴨川を訪れる頻度についても併せて質問した。

京都市中心部の鴨川の河原を四地区（①地区：賀茂川・高野川の合流点～荒神橋　②地区：荒神橋～二条大橋　③地区：二条大橋～四条大橋　④地区：四条大橋～五条大橋）に分け、それぞれの地区を訪れている人に対して現地でＳＤ法調査と共にアンケート調査を行った。

調査は、年齢・性別・居住地などの属性に関係なく、鴨川を訪れている人を対象に実施した。また、調査結果の総回収数は、先行研究と比較するために、各地区共に五〇人とした。調査は、二〇〇四年八月八日・一一日、九月一一日・一二日・一三日・一五日、一〇月一六日・二四日（晴れもしくは曇りの日で、一一時～一六時の時間帯）に実施した。

二　調査対象者の属性からみたイメージ

まず、調査の対象となった回答者の属性について説明しておきたい。総回答者は、二〇〇人であったが、その内訳は男性九二人、女性一〇四人、無回答四人であり、性別の数値にはそう大きな違いはなかった。また、鴨川に対するイメージも、性別による大きな違いはなかった。

回答者を年齢層別にみると、一〇歳未満一、一〇歳代一六、二〇歳代八七、三〇歳代三四、四〇歳代二四、五〇歳代二四、六〇歳代一一、七〇歳以上二、無回答一であった。二〇歳代の年齢層に多くの回答者がいたことがわかる。その理由については、鴨川が京都で有数のデートスポットとして定着していることと、若者が多く集まる繁華街に近く休憩場所として選ばれたことなどが考えられる。一方、一〇歳未満の若年者層と七〇歳以上の高齢者層の回答数が少ないが、この理由は前者はアンケート調査をすることが困難であるためにあえて控えたことと、後者は早朝と夕方に鴨川を訪れることが多いために調査時間帯に少なかったことである。なお年齢層別のイメージであるが、年齢層が高くなるほど鴨川に対する評価も高くなる傾向がある。この結果は、二〇歳代などの若年者層に鴨川だけを目的として訪れていない人が多いのに対して、高齢者層ほど鴨川での散策を目的として訪れる人が多くなることによると推測される。

次に、鴨川を訪れる頻度別にみると、今回が初めて二〇人、年に一回程度二九人、三カ月に一回程度二四人、月に一回程度三七人、週に一回程度四七人、毎日一三人、無回答一人となっている。初めての人が一〇％で少ないのに対し、年に一回～数回が四一％、月に一回～数回が四二％、毎日が六・五％と頻繁に訪れている人の多いのが注目される。これらより、鴨川は観光地というより市民あるいは近くの地域の人々の憩いの場の役割を果たしていると見做すことができる。

また、回答者の属性とイメージには明瞭な関係があることがわかった。つまり、今回初めて鴨川を訪れたと回答した人の評価は、いずれの指標においても非常に高い傾向がみられた。特に、「魚がいそうな」「水質のよい」「牧歌的な」「調和の取れた」の指標に関する評価がほかと比べて高く、鴨川に自然の豊富な河川という第一印象を持ったものと思われる。これに対して、鴨川を訪れる頻度が高い人ほど、水質についての評価にみられるように、全体の評価が相対的に低くなっているのがわかる。鴨川と日常的に結びつきが少ない人は、自然が豊富で調和が取れているとして鴨川にある種の感動を伴った印象を持つのに対して、鴨川と頻繁に接している人はむしろ客観的に鴨川を判断しているといえよう。つまり、毎日のように鴨川を訪れている人が、「好き」「そばに住みたい」「空気のような」と答えた数が多いことから判断すると、鴨川に愛着を持っており、「氾濫しそうにない」の評価が飛びぬけて高いことから判断して、その実態を正確にとらえていることがわかる。

三　調査結果から得られた鴨川のイメージ

まず、全体の集計結果を図24-1に表した。この図の見方は、以下の通りである。右端と左端に評価項目を対にして示しており、その間は中間的なイメージになっている。集計結果が左側に寄るほど、よいイメージを持っていることを意味する。

結果的には、すべての評価項目で真ん中より左側に寄っていることで、調査対象者の全員から鴨川は積極的でよいイメージを持たれていることがわかった。評価項目でいうと、特に、「好き」「美しい」「歴史のある」「調和の取れた」「日本的な」などの評価が高く、来訪者はこれらの項目に関して鴨川に特によいイメージを持っていたことがわかった。逆に、相対的に評価の高くなかった項目に、「雄大な」「珍しい」「ひっそりした」「生活のにおいがする」「空気のような」などがあった。これは、鴨川が具備している日常的な感覚がそのようなイメージを持たせたのではないかと考える。しかし、それでもこれらの項目もどちらかといえば、左側に寄っていて、特によいイメージとはいえないまでも、悪いイメージにはなっていないことがわかる。

次に、主な評価項目について検討してみたい。「ひっそりした」「牧歌的な」「静かな」などの項目の評価がさほど高くなかったのは、鴨川がひっそりしていない、静かではないということではなく、周囲の都市

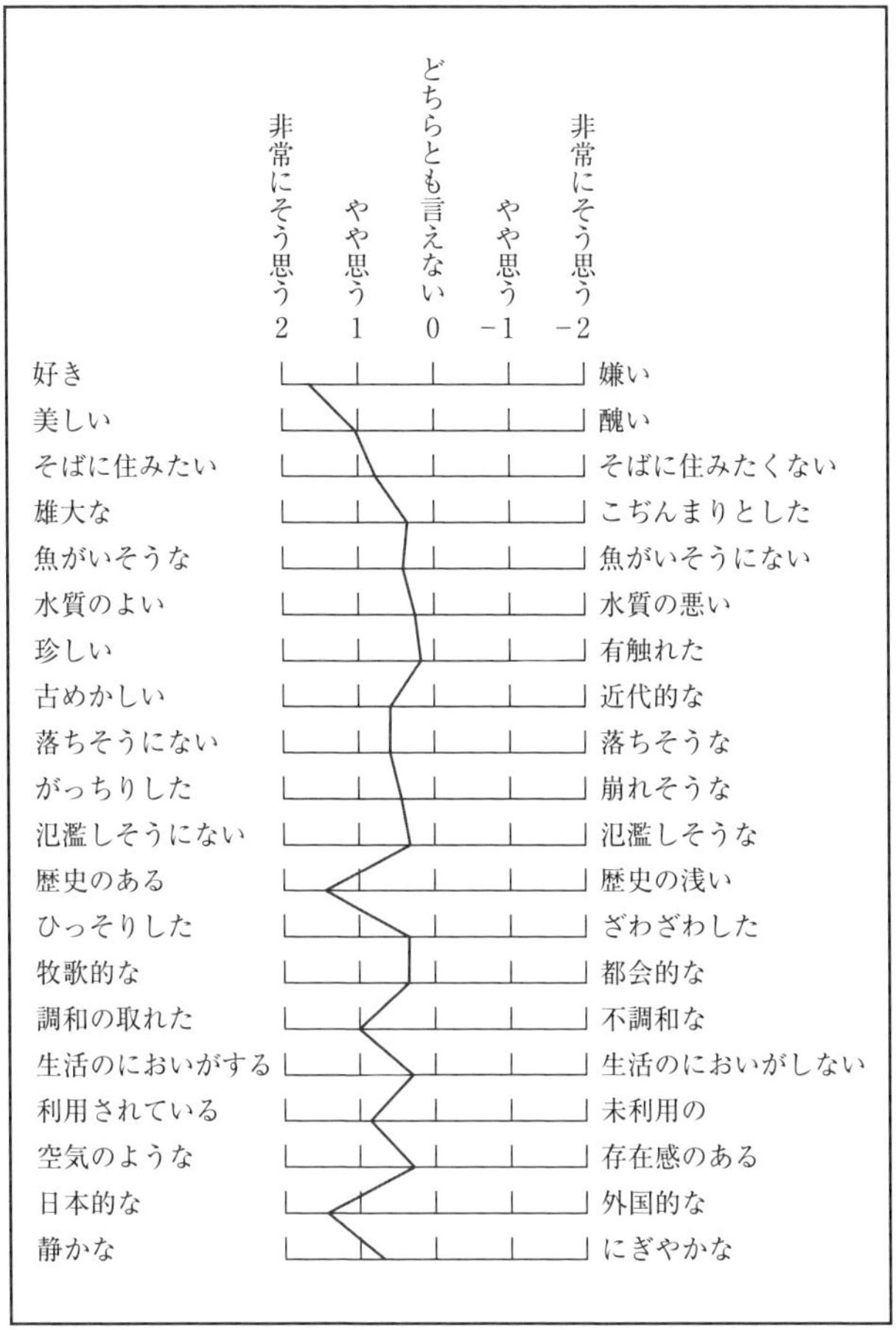

図 24-1　鴨川のイメージ（全体）

空間の喧騒に比べたら相対的に落ち着いていると見做された結果である。これらの項目に加え、「そばに住みたい」の評価が高かったことを含めて考えれば、鴨川が周囲の街中に比べて静謐なある種のオアシスとして見做されているのではないかと解釈できる。同様に、「利用されている」などの評価が高いということは、鴨川が必ずしも自然のままの河川ではないと認識されたものである。その一方、「雄大な」「魚がいそうな」「水質のよい」など鴨川の自然性に関する項目においても評価されていることからも、街中に比べて、あるいはほかの大都市の河川に比べてよいという相対的な評価がされていることがわかる。

本章で参照した評価項目は、前述したように一般的な河川を対象にしたものを援用したものである。そのため、鴨川の持つイメージを的確に表現し得たか判断しにくいが、ほかの河川との比較は可能となった。その結果、鴨川が一般的な河川と比較して古都のイメージが際立って強く表現されていると考える。

四　地区別にみたイメージ

本章では、前述のように鴨川の河原を四地区に分けて調査を行った。そこで、地区別にイメージの違いがあるかどうかを検討してみたい。鴨川の下流に行くに従って、「そばに住みたい」「雄大な」「魚がいそうな」についての評価が下がり、全体としてよい評価と悪い評価の中間の「どちらとも言えない」という曖昧な評価になった。また、鴨川を訪れる頻度は、上流側の二地区では比較的高いのに対して、下流の④地区ではほとんど訪れることがないと答えた人が非常に多くなった。つまり、この地区では鴨川は訪れる人と日常的な結びつきを持っているとはいえないのである。また、③地区は、上流の二地区と下流の地区との中間的な傾向を示しているといえる。

最も繁華街に近い③地区よりも、②地区の方が「ざわざわした」「都会的な」「にぎやかな」と回答する人が多い傾向が強くあらわれた。これは、③地区の鴨川の河原が、繁華街の中において相対的に静かなオアシス的空間として積極的に位置付けられていることを示している証拠であろう。

このように、同じ鴨川でも地区別にみると、随分イメージが異なっていることが明瞭となった。

五　おわりに

本章では、鴨川の来訪者を対象として、鴨川に対するイメージを調査した。その結果、多くの回答者から鴨川は「歴史のある」「日本的な」河川としてイメージされており、全体として「美しい」「好き」というよい評価がなされていることがわかった。この、「歴史のある」「日本的な」についての評価は、日本のほかの河川と比較しても際立って高くなっている。つまり、鴨川は歴史都市・京都のイメージと一体となって表象されているものと考えられる。また、鴨川が単なる京都の街の付属物ではなく、騒々しい街中において静謐なオアシスとして積極的に評価されていることも伺われた。鴨川のイメージが京都の街と不可分であると共に、逆に京都という街のよいイメージが鴨川に対する好意から導かれている側面もあり、共に高め合う関係にあると思われる。

また、鴨川を訪れる頻度と、アンケートを行った地区別で、鴨川に対するイメージに差異がみられた。鴨川に接する機会が少ない人はやや感動的に、日常的に接している人は比較的冷静に鴨川を認識しているが、よいイメージを持っていることでは共通している。

最後に、吉越が行った京都の大学生を対象にした研究と比較すると、本章の方が鴨川に対するよいイメージが強まっていることがわかった。この理由として、本調査が、鴨川を実際に訪れている人に対して行われたためだと考えられる。二つの研究を詳細に比較することで、また違った側面がみえてくるに違いない。

文献

伊藤悟（一九九四）「北陸地方における都市のイメージとその地域的背景」人文地理四六－四
内田順文（一九八六）「都市の「風格」について―場所イメージによる都市の評価の試み―」地理学評論A五九－五
杉浦芳夫・加藤近之（一九九二）「SD法による都市公園のイメージ分析」総合都市研究四六
土屋英男・清水健二・勝矢淳雄（二〇〇三）「鴨川にいだく近隣地域の小学校児童とその保護者の認識」用水と廃水四五－六
坪井直央・吉越昭久（二〇〇四）「SD法を用いた河川のイメージ分析―京都の賀茂川・高野川を事例に―」立命館地理学一六
尾藤章雄（一九九二）「東京都区部および周辺地域の「地域イメージ」の構造」地理学評論A六五－一一
松浦茂樹・島谷幸宏（一九八七）「都市における河川イメージの評価と河川環境整備計画」水利科学三一－三
吉越昭久（一九九八）「SD法による鴨川のイメージ分析」京都地域研究一三

第二五章
放置自転車問題と人々の意識

吉澤喜紀

一　はじめに

近年、地球温暖化に関心が高まり、その対策として二酸化炭素の削減が求められている。その具体的な対策の一つとして、自転車の利用が見直されつつあり、健康志向の高まりもそれに拍車をかけている。しかし、自転車が普及するに伴って放置自転車の問題が各地で発生し、京都市においても深刻化している。

鴨川周辺地域（とりわけ左岸域）でも放置自転車が大量にみられ、京都市では景観的な観点からも問題があるとしてその解決に取り組んでいる。そこで本章では、鴨川左岸域を対象として、放置自転車問題の現状と行政の対策を概観した上で、放置自転車の問題や行政の取り組みや景観に対する人々の意識などについて検討してみたい。

本章の研究対象である鴨川周辺地域は、京都市市街地景観整備条例によって「岸辺型美観地区」に指定され、京都固有の歴史的な美しい景観の実現をめざしている。近年では、平成四（一九九二）年から平成一一（一九九九）年にかけて、京都府によって三条から七条間の鴨川左岸で「花の回廊」整備事業（護岸改修も含めた治水整備と景観整備が一体化された形で実施）が進められてきた。この放置自転車の問題は、昭和六二（一九八七）年に京阪電鉄が地下化されたことでより顕著になっており、本地域はこの課題の研究には適している。

（なお、近年になって大きな変化がでてきたため、「四 おわりに」で編著者がその変化について若干触れた。）

二 鴨川左岸域の放置自転車と人々の意識

筆者は、鴨川左岸域（京阪電鉄の出町柳駅付近〜七条駅付近）において放置自転車の実態について、平成一六（二〇〇四）年八月初旬から中旬にかけて調査を行った。ここでは、その結果から表25-1を作成し、それをもとに検討してみたい。なお、本研究では原付も含めて検討している。

放置自転車が最も多かった駅は祇園四条駅で、場所的には駅の近くの地上部であった。放置自転車は駅の近くのほかにスロープや河川敷などにもみられた。加えて、明らかに廃棄されたと思われる自転車も多数あったのも祇園四条駅の特徴であった。放置自転車は祇園四条駅のほかにも、三条駅や出町柳駅などに多くみられ、そのほとんどが駅の近くに駐輪されていた。恐らく、これらの自転車は京阪電鉄の利用者のものと推察される。自転車駐輪場（以下、駐輪場という）は、表25-2にも示したように、出町柳駅付近に二カ所（収容台数一四四四台）あるにもかかわらず多数の放置自転車がみられることから、駐輪場の収容台数が不足していることや、駐輪料金支払いへの抵抗などの理由があったものと考える。

祇園四条駅と三条駅の付近では、鴨川の河川敷にまで相当数の自転車が放置されていた。鴨川は一級河

表25-1　鴨川左岸における放置自転車数（原付を含む）

場所＼駅	出町柳	神宮丸太町	三条	祇園四条	清水五条	七条	計（台）
駅の近く	88	10	131	235	42	40	546
駅から遠い	7	6	2	0	0	2	17
スロープ	17	16	—	95	—	—	128
橋上	18	0	0	0	25	0	43
河川敷	0	0	48	63	0	0	111
（原付）	4	5	8	8	4	2	31
計	134	37	189	401	71	44	876

（2004年8月）

表25-2　自転車駐輪場の一覧（公設・鉄道会社に限定）

駅名	駐輪場名	設置者	収容台数（台）	料金（円）	月極
出町柳	出町柳駐輪センター	京阪電鉄	964	150	○
	出町	京都市	480	150	○
神宮丸太町	川端駐輪センター	京阪電鉄	428	210	○
三条・祇園四条	先斗町	京都市駐車場公社	751	150	○
七条	川端七条	京都市	185	無料	×

川であるが管理者は京都府であるために、京都市が河川敷の放置自転車を撤去するなどの対策をとることができない。そのため、河川敷が放置自転車の撤去作業の対象から漏れてしまう結果となる。ただし、出町柳駅近くの河川敷に放置自転車が一台もみられなかったのは、河川敷への入口が柵で塞がれ自転車が進入できないような対策がとられていたためである。

このような放置自転車の現状を人々がどのように意識しているのかを明らかにするために、この調査期間中に放置自転車の観察だけでなくアンケート調査も同時に行った。その結果をみると、大部分の回答者は放置自転車の台数が想像以上に多く、撤去・保管に必要な費用も高くなると感じているようだ。また、若年層ほど、実際に必要とされる経費を考慮しても、撤去された後に徴収される保管料は高いと考える傾向にあり、さらにそれによる景観破壊に関しても、あまり深刻に感じていないようである。すべての年齢層で放置自転車を迷惑であると認めている中で、若年層には自転車を放置する行為に対して「やむを得ない」とする傾向がみられることが注目される。もし返還料を引き上げた場合、現状でもその高さに不満を持っている若年層は、返還を求めないという選択をすることが予想される。放置自転車はよくないことと考えながらも現実にはやむを得ないとする若年層は、同時に景観に対する意識も低いという問題が浮き彫りにされた。

三　京都市の取り組み

京都市では昭和六〇（一九八五）年に「京都市放置自転車防止条例」を制定し、平成一二（二〇〇〇）年には放置自転車問題の抜本的な解決を目指して、行政・市民・関係事業者の相互連携のもと、「京都市自転車総合計画」を策定した。この計画の主軸を成したのが、自転車の利用環境整備と利用者のマナーとルールの確立であった。

利用環境整備

調査対象地域には、公的な駐輪場が五カ所に設置されているが、十分な収容台数になっているとはいい難い。京都市によれば、出町柳駅付近の駐輪場の一つである京都市営出町駐輪場の稼働率は一四二・三％となっていて、周辺にある表25－2以外の民営駐輪場でもほぼ満車状態になっているとしている。また、繁華街に近い三条駅と祇園四条駅および清水五条駅付近には駐輪場がなく（右岸域の先斗町に一カ所だけある）、七条駅付近には京都市営の無料駐輪場が存在するが、収容可能台数を超える無秩序な駐輪が目立っている。そのため、京都市では施設改修を行った上で駐輪場の有料化に移行しようとしている。放置自転車の存在の理由の一つに、駐輪場の収容台数不足があることは明らかであるが、駐輪場の整備には用地確保などの費用が必要で、整備が思うように進んでいないのが現状である。

撤去活動

放置自転車問題の解消策の一つに、撤去活動がある。撤去活動は、一般の通行者の危険を減らすためと、京都の歴史的な景観を守るために行われてきた。

伊藤正人・佐伯大輔によれば、京都市では「自転車が三台駐車してあるとそこが例え駐輪禁止区域であっても構わず駐車する」と答えた人は三三％にものぼるという。つまり、放置自転車は、駐輪されている自転車が一定の台数があれば連鎖的に起こるのである。また、自転車が放置されることにより、歩行者の危険性が高まり景観を破壊する恐れがある場所は、京都市によって「自転車等撤去強化区域」に指定され、重点的に撤去が行われている。具体的には警告看板を撤去実施地域各所に設置し、撤去を行う際には拡声器で警告している。その上で、それでも移動されない放置自転車を撤去することになるが、たとえ自転車が柵などに鎖で施錠されていても、鎖を切断して撤去することになる。

撤去後は、その付近に撤去した自転車の保管場所や返還に関する必要事項が公示される。各駅で撤去された自転車はそれぞれ保管場所に移動されるが、保管場所は各駅によって異なる。なお、清水五条駅周辺については京都国道事務所が管理しており、撤去されると保管されずにそのまま処分される。

撤去された自転車の所有者は、公示に従って保管場所で返還料二三〇〇円を支払い、自転車の返還を受けることになる。しかし、実際に撤去・保管に要する費用は返還料を超えており、その不足分は税金で賄われる。保管されている自転車が、所有者に返還されるのは五八％程度であり、残りは処分されている。自転車を放置した人の中には、不要になった自転車を行政に処分してもらうことを目的に、あえて放置しておくこともあるようである。このように、強制的な撤去活動のみでは、放置自転車問題を解決するのは困難であるというのが現状である。

四　おわりに――提言――

鴨川は、美しい景観を保っている京都を代表する河川で、人々との長いかかわりを持ってきた。その景観を損ねることになっているのが、鴨川に沿う駅付近にみられる放置自転車であり、これが社会問題化している。このため、京都市は無料・有料駐輪場の整備や放置自転車の撤去活動、マナー・ルールの向上のための啓発活動など様々な対策を取り、これに対応してきたが十分でないのが現状である。

そこで、今後どのような対策を取ったら、この問題を解決することができるのか考え、以下にいくつかの提言を行ってみたい。

一つ目は、「都市型レンタサイクルの積極導入」である。放置自転車の解消には一つの方策として駐輪場を増加させることがあるが、用地や費用の問題から駐輪場をすぐに増加させることは困難であろう。そのために、京都市で近年導入されている「都市型レンタサイクル」を積極的に利用することができないであろうか。「都市型レンタサイクル」とは、周遊を目的とする「観光型レンタサイクル」と違って、通勤通学などの日常的な需要に応えるためのレンタサイクルである。そのための自転車が、朝夕の通勤や通学時に自宅と駅との間の移動手段として会員に貸し出され、これらが駅付近に駐輪されている時間帯に駅から職場や学校に向かう別の会員に貸し出されるシステムである。このシステムを採用することによって、駅付近の駐輪場に常時自転車が留まるという状況を改善することができる。調査した時点では、「都市型レンタサイクル」を導入している駅は、京都市内では京阪電鉄出町柳駅、阪急電鉄西院駅・桂駅の三駅であるが、この方法は放置自転車を減らす対策としては効果的であろう。

二つ目は、鉄道会社との連携強化である。この例として、東京都豊島区があるので参考になる。京都新聞の平成一六(二〇〇四)年九月九日の記事によれば、豊島区は全国で初めての試みとして、区内に駅を持つJRや私鉄五社に対して乗客一〇〇〇人当たり七四〇〇円を課税し年間約二億円の税収を見込む。それを放置自転車の撤去や駐輪場整備などの費用に充てて、鉄道会社と連携することで放置自転車を抑制するとしている。鴨川左岸域の場合にも、鉄道会社との連携強化は、放置自転車対策には効果的だと考える。

写真 25-1　新しく造られた駐輪場(出町柳駅付近)

三つめは、自転車に関する教育の徹底である。本研究の一環として実施したアンケート結果では、若年層ほど放置自転車や景観破壊に対する意識が低いことが明らかになった。インフラ整備だけでなく、マナーを高める教育・啓発活動を行うことによって放置自転車を抑制することができるであろう。オランダは、早くから自転車交通が整備されてきた「自転車先進国」であり、幼少期から自転車教育が実施され、最終的には路上試験を行って合格して初めて自転車に乗ることが許可されるという。それに対して、日本では自転車教育は小学校入学後に行われるが、とても十分とはいえない。京都市が行っている自転車マナーの啓発活動は、対象者を若年層に絞り込むと同時に、それを幼少期から行う必要性があるのではないだろうか。

なお、最近になっていくつかの変化が起こっているので、触れておきたい。令和三（二〇二一）年に確認したところでは、かつて放置自転車がみられた場所などに複数の駐輪場（写真25-1）が設置され、放置自転車の数も大幅に減少してきているようである。また筆者が提言した一つ目の提言は、三条駅にも導入されていることがわかった。放置自転車問題は、現在大きな転換期に差し掛かっているようである。

文献

市川嘉一（二〇〇〇）「曲がり角迎えた自治体の放置自転車対策」日経地域情報三九六
伊藤正人・佐伯大輔（二〇〇三）「放置自転車問題に見る大阪人気質—都市生活者の行動パターンに関する地域比較研究—」都市文化研究二
京都市（一九九二）『京都市長期統計書（昭和二一年～平成元年）』京都市
京都市都市計画局（一九九六）『京の市街地景観　保全・再生・創造—京都市市街地景観整備条例のあらまし—』京都市

京都市（二〇〇四）『京都市統計書　平成一五年版』京都市
京都市（二〇〇四）『平成一五年度　事務事業評価票（放置自転車対策）』京都市
京都市（二〇〇四）『平成一五年度　事務事業評価票（自転車等放置防止条例関連）』京都市
京都新聞記事（二〇〇四年九月九日）
全国自転車施策推進自治体連絡協議会（二〇〇一）『二〇〇〇年度　事業紹介』全国自転車施策推進自治体連絡協議会
原田昌幸（二〇〇〇）「都市の自転車問題に対する自治体の対策とその財政―自治体を対象としたアンケート調査に基づく検討―」日本建築学会計画系論文集五三四
原田昌幸（二〇〇二）「都市の自転車問題に対する住民意識と意識啓発に関する研究―情報提示による意識啓発手法の効果の検討―」日本建築学会計画系論文集五五五
渡辺千賀恵（一九九九）『自転車とまちづくり―駐輪対策・エコロジー・商店街活性化―』学芸出版社

第二六章
鴨川の利用法と人々が求めるもの

工藤将行

一　はじめに

都市域における自然空間として、近年河川に注目が集まっている。京都の河川においても行政が市民と連携をはかりながら、治水対策の推進や水辺環境の整備に取り組むようになっている。

河川については、これまで様々な分野で多くの研究がなされてきた。しかし、特定の分野や事象に限定したものが多く、景観や利用など河川の構成要素全般にわたる視点に立った研究はあまり多くはない。そこで本章では、京都の鴨川を対象にしてその利用方法と人々が求めるものは何かについて、アンケート調査などを実施して明らかにしてみたい。

調査は、①繁華街に隣接している三条・四条通周辺、②賀茂川・高野川合流地点周辺、③北大路・北山通周辺の三地域において実施した。平成一六（二〇〇四）年の八月に実施したアンケート調査では、鴨川の利用目的とその魅力を問い、さらに鴨川の景観や水質などに関する項目について五段階での評価を求めた。

具体的には、利用目的と魅力については、以下に記したような選択肢の中から、複数回答を可能として選択してもらった。

【利用目的】散策・休憩、気分転換、語らい、食事、運動、その他

【魅力】広い空間、静かさ、のんびりくつろげる、景色がきれい、水がきれい、水の流れ、緑が多い、魚が多い、野鳥が多い、四季の花、山並みがみえる、橋が魅力的、町並みがみえる、町家と納涼床、休憩できる芝生、スポーツ施設、飛び石、散策道、安心して利用できる、その他

【五段階評価の対象】両岸の緑の量、川の景観、水のきれいさ、街から河川敷への近づきやすさ、利用できるスペースの広さ、散策できる道、ゴミや雑草の状況、河川敷の施設、設備、全体的評価

その結果は、調査対象とした三地域で異なっていることが明らかとなった。この違いに焦点をあてて、利用目的の違いごとのその地域の特徴や魅力を探り出し、今後の鴨川のあるべき姿を考えてみたい。

二　三条・四条通周辺

三条・四条通周辺では、七〇人（男性四一人、女性二九人）から回答が得られた。回答者の年代は二〇・三〇歳代が多く、全体の約七〇％を占めた。この地域は繁華街に近いこともあって京都市外からの来訪者が七〇人中二三人（三三％）となり、ほかの地域に比べてその割合が高かった。また、この地域には京阪電鉄・阪急電鉄・京都市営地下鉄の複数の駅が存在し、さらにバスのルートも集中しているため、公共交通機関が用いられる割合が高いこともわかった。これらの利便性が、京都市外からの来訪者の多さにつな

がっているのであろう。

鴨川を利用する目的としては、「散策・休憩」「気分転換」とする回答が多く、次いで「語らい」と続いた。鴨川が多くの人々の集まりやすい条件を備えているために、本来の目的の合間の時間に休憩を取るのに適していること、喧騒を避けて自然に親しめることなどがその理由となろう。これは、来訪者の八四%がこの地域に一時間以内しか滞在しなかったことからも伺える。

鴨川の魅力として、「景色がきれい」「町家と納涼床」「広い空間」「のんびりくつろげる」「静かさ」「水の流れ」などをあげた人が多かった。また、三条・四条通周辺において、「川の景観」「利用できるスペースの広さ」「街から河川敷への近づきやすさ」「散策できる道」などで高い評価を得ていた。ここでは、鴨川沿いの飲食店など多くの商業施設が立ち並ぶ状態と、自然景観を感じさせる親水空間として人々の気持ちを落ち着かせる環境がうまくマッチした地域となっている。

利用者としては、繁華街を訪れる若者、京都市外からの来訪者が三つの地域では最も多かった。鴨川で一番好きな場所はどこかという質問にも七〇人中五三人が「三条・四条の河原」「町家」「納涼床」と回答し、その理由として京都の風情が感じられるということをあげていることから、この地域は京都らしい情緒を手軽に感じられる空間として認識されているのであろう。

三　賀茂川・高野川合流地点周辺

賀茂川・高野川合流地点周辺では、六四人（男性三一人、女性三三人）から回答が得られた。この地域には河川敷に散策道や芝生、ベンチなどが整備されていて、河床には飛び石が配置されている。また、二つの河川に挟まれる所に多くの樹木が生い茂る糺《ただす》の森（写真26-1）が広がっており、その周囲は静かな環境になっている。この地域におけるアンケートの回答者は、一〇歳代一四%、二〇歳代三八%、三〇歳代一五%、四〇歳代一三%、五〇歳以上二〇%となっており、三条・四条通周辺よりも来訪者の年齢層にばらつきがみられた。来訪者の九七%は京都市内に在住していて、この地域を訪れた交通手段も徒歩四三%、自転車三三%で、この二つの手段で全体の八〇%近くを占めた。また、訪れるまでの所要時間も一〇分以内二〇%、一〇～三〇分六八%と短く、この地域の近くに居住する人々に利用されていることがわかる。

　この地域への来訪目的は、「散策・休憩」「気分転換」が多かったが、「運動」「語らい」などが続き、人々が日常的に鴨川を利用していることが伺えた。三条・四条通周辺では座っている人の姿を目にすることが多かったのに対して、賀茂川・高野川合流地点周辺では水辺で遊ぶなどといった何らかの活動を伴っていることが多くみられた。

　どのような点に魅力を感じるかについては、「散策道」「のんびりくつろげる」「景色がきれい」「緑が多い」「水の流れ」などがあげられた。さらに、「川の景観」「散策

写真 26-1　糺の森

できる道」などが鴨川のよい点であると評価されていることから、この地域は水に親しむ空間であると同時に、植物など豊かな緑があって、自然と触れ合える空間として認識されているようだ。

賀茂川・高野川合流地点周辺における「散策・休憩」や「気分転換」の内容は、体を動かすことであった。実際に河川の流水に入り直接水に触れている姿も多くみられ、「水の流れ」に魅力を感じている人も多いことから、この地域は親水空間として親しまれていることがみて取れる。また、「緑が多い」ことを魅力としてあげる人が多く、自然と触れ合う場所としても認識されていることがわかる。ほかに、鴨川を訪れる頻度が一カ月以内に一回以上と答えた人が六四%になったこと、滞在時間も三〇分以上である人が七七%であったことから、この地域は近隣の人々が頻繁に訪れ、日常的な散策や運動に利用される憩いの場所であることが伺える。

四　北大路・北山通周辺

北大路・北山通周辺では、六六人（男性二七人、女性三九人）から回答が得られた。この地域の特徴は、両岸の河川敷が広く、ほぼ直線状であるために広いスペースが利用できることである。そこには、鉄棒などの遊具や、ベンチなどの休憩設備もあり、運動場や公園としての性質も有している。

アンケート回答者で最も多かった年代は、二〇歳代・三〇歳代であったが、調査の際には五〇歳以上と思われる年齢層もかなり目についた。回答者全員が京都市内に在住で、自宅からの所要時間は一〇分以内（一七%）、三〇分以内（七五%）が多数を占め、交通手段として四五%の回答者が徒歩をあげたことから、この地域を利用しているのは、賀茂川・高野川合流地点周辺と同様に、賀茂川の近隣に住む人が多いと考えられる。

河川敷の利用目的について最も多かった回答は「散策・休憩」「気分転換」であったが、次いで「運動」「語らい」「食事」があって、賀茂川・高野川合流地点周辺とよく似た結果となった。しかしこの地域では、「運動」の内容は賀茂川・高野川合流地点周辺と比べて多様であった。賀茂川・高野川合流地点周辺では歩く人の姿が目立っていたのに対して、北大路・北山通周辺ではゲートボール・テニスなどの球技も行われており、特にサッカーの練習など集団で行われる活動も散見された。この地域の利用スペースの広さが、運動や活動内容に多様性を持たせ、幅を広げたのであろう。どのような点に魅力を感じるかという問いについては、「散策道」「景色がきれい」「広い空間」が上位にあげられ、また「のんびりくつろげる」「緑が多い」という回答も多く、賀茂川・高野川合流地点周辺とほぼ同じ結果となった。しかし、「スポーツ施設」をあげる人が三地域の中で最も多く、運動などに利用できることを魅力として感じているようである。

また、鴨川の「両岸の緑の量」が三地域の中で最も高く評価され、「川の景観」「利用できるスペースの広さ」「散策できる道」なども高い評価を受けた。

以上のような特徴から、この地域は最も自然と触れ合い易く、運動なども行える空間だといえる。北大路通より北山通までは、両岸にある車道と河川敷の境界に植林されているために、河川敷にいる人々の目線にはそこが木々に囲まれた空間のように映る。河川敷の散策道は舗装されておらず、自然が残されているという印象を受ける。このように自然を感じ、人々の多様な目的にも応じることができるこの地域は、都市域における貴重な空間であろう。

この地域における「散策・休憩」「気分転換」の内容は、体を動かすことを中心としたまさに公園における活動そのものだといえる。

五　おわりに　―鴨川のあるべき姿―

最後に、以上のアンケート調査の結果（鴨川への要望や自由記述欄に記された内容も含め）をもとに、今後の鴨川のあるべき姿を検討してみたい。

三条・四条通周辺は市街地に隣接する空間として、来訪者をより受け入れやすくすることが望まれる。現在、市街地から河川敷に降りるためにスロープや階段が用意されているが、その数を増加させてはどうであろうか。スロープや階段は三条大橋や四条大橋に近いところにのみ設置されていて一度河川敷に降りると途中で市街地に戻りにくい構造になっている。そのため、すぐに市街地に戻ることを念頭に置いて、河川敷に降りた人々は橋の周辺に集中する傾向がみられる。二つの橋の中間あたりにスロープや階段を新しく設けることで、人々は鴨川の河川敷をより歩きやすくなるであろう。

またアンケートでは、三条・四条通周辺で鴨川の魅力として「緑が多い」「魚が多い」「野鳥が多い」「四季の花」と回答した人がなかったことが気になる。鴨川は、大都市の中を流れているにもかかわらず、多くの自然が残されている。鴨川の河川敷を自然を楽しむ空間として、これまで以上に機能させる仕掛けが必要となろう。

以上の二点にも増して深刻なことは、第二五章でも取り上げられている放置自転車問題である。前述の河川敷に降りるスロープ周辺には多くの放置自転車がみられ、歩きにくいだけでなく危険でもある。人々がより快適に鴨川を利用するためには、放置自転車問題の早急な解決が望まれる。

賀茂川・高野川合流地点周辺は、糺の森などの緑と水辺とが近い距離にある。糺の森と鴨川の生態系が相互にかかわって、自然に近い生態系を維持させねばならない。この地域は、北大路・北山通周辺と共に豊かな自然が評価されているが、この両地域では河川に隣接する道路を拡大しないなど、周囲に残されている自然をうまく保全することが到達点となろう。

このアンケート調査では、意外なことに鴨川（賀茂川）の水質に対して人々があまりよい印象を持っていないということがわかった。鴨川は、都市域を流れる河川の中ではかなり清浄であるにもかかわらず、水質に関してあまり肯定的な回答にならなかったのは、鴨川の視覚的な印象のためではないだろうか。鴨川には多数の中洲があり、そこには草が繁茂しゴミなどもみられる。その印象が、水質を判断するときに少なからず影響を及ぼしていると思われる。もしそうであるならば、ゴミや放置自転車を減らすなどして、視覚的な印象をよくする対策も求められる。

文献

京都市建設局水と緑環境部河川課（二〇〇三）『水鏡』京都市
鈴木康久・大滝裕一・平野圭祐編（二〇〇三）『もっと知りたい　水の都　京都』人文書院
平野圭祐（二〇〇三）『京都　水ものがたり―平安京一二〇〇年を歩く―』淡交社

おわりに

刊行までの経緯

まず、本書を刊行するに至った経緯について、簡単に触れておきたい。

編著者が定年退職するまで勤務した立命館大学は、比較的早い時期から大学改革に取り組んできた。その文学部における改革の一つに、テーマリサーチゼミ（TRゼミ）の設置があり、それは平成一五（二〇〇三）年度からスタートした。ゼミ（演習）は、大学教育の根幹を成す科目であり、通常のゼミは学科・専攻の専門にかかわる内容で開講してきたが、文学部ではこのような本来の形態や機能を持つ通常のゼミは存続させた上で、それに加えて専門の垣根を取り払った専攻横断型のテーマを設けてアプローチするというTRゼミを設置した。

編著者は、これまで専門とする地理学の分野から、京都の鴨川についてその水文・地形・景観・イメージ・歴史・治水・災害などに関する研究を行ってきた。そのようなこともあって、いくつか設置されたTRゼミの最初の担当者の一人になった。編著者は、担当するTRゼミのテーマに「鴨川の総合的アプローチ」を掲げ、文学部人文総合科学インスティテュート・哲学専攻・日本文学専攻・日本史学専攻・地理学専攻などから二五名の学生を集めた。このTRゼミでは、研究を行う際には、①学際的・総合的にとらえ

る ②現場・地域から発想する ③社会に対して何らかの情報・成果を発信する という三点を明確に意識するようにメンバーに伝えてあった。編著者は、このような新しい形態のTRゼミを二年間にわたり担当した。

ところで、前述したようにこのTRゼミでは、研究成果を何らかの形で社会に対して発信することを目指していた。そこで学内で公開発表会を平成一七（二〇〇五）年二月に実施し、参加者を前にメンバー全員が成果を発表する機会を持った。しかしそれだけでは社会に広く公開したことにはならないと考え、研究成果を単行本として刊行することをTRゼミのメンバーにも了解してもらっていた。従って、本書はTRゼミの成果の一部であり、社会に対して成果を公表する一環として刊行したものである。執筆者の詳しい紹介はしていないが、全員が編著者が担当したTRゼミのメンバーである。刊行は、メンバーの卒業後、そう時間を置かずに行うつもりでいた。しかし、以下のような理由があって、刊行までに思いのほか時間がかかってしまった。

TRゼミを担当した頃から、編著者の研究環境が大きく変化したこともあって、刊行に向けて準備をする時間が全くとれない状況になった。編著者は、二〇〇三年度から五年間文部科学省の二一世紀COEプログラム、二〇〇八年度から五年間後継のグローバルCOEプログラム、二〇〇五年度から五年間文部科学省の学術フロンティア推進事業、二〇〇六年度から三年間文部科学省の科学研究費（基盤研究A）、二〇〇六年度から一〇年間総合地球環境学研究所プロジェクトにそれぞれ中心メンバーとして深くかかわることとなった。そのために、大学からはゼミ以外の講義・学内役職・学内会議などを免除してもらうという配慮を受けたが、プロジェクトの研究や管理・運営のため、まさに首がまわらない状態に陥った。その余波は、編著者の定年退職時近くまで及んだ。退職後、時間的には余裕ができたため刊行にむけて取り組み始めたが、体調を崩したこともあってなかなか作業が進まなかった。以上、刊行が遅れた理由について触れたが、ＴＲゼミのメンバーにはこのことを深くお詫びしなければならない。

このために、まず本書の内容が二〇〇〇年代前半のものであることをお断りしておかねばならない。しかし、刊行が遅くなったとしても内容的には発表する意義が充分にあると考え、敢えて踏み切った次第である。各章の内容には速報性を要求されるものもあったが、できるところは編著者が新しい情報を付加したりしたが、それができないところについては時期を明記して対応することとした。

ＴＲゼミの成果は、量的にも多いし専門に特化しているために、そのままの形で一冊の単行本にすることは難しかった。このため、編著者の責任においてもとの原稿の趣旨を変えることなく、全体を大幅に短縮した上でわかりやすい表現にするなど、大きな修正を加えた。さらに内容についても、編著者が可能な限りの検討を加え、誤りなどの修正を行った。

本書で明らかにした内容

本書は、一種の論文集のような形態をとることや紙幅の制約もあるために、各章および全体の要約はここでは行わないでおきたい。しかし、多くの章において共通するいくつかの興味深い論点があり、その中でこれまであまり指摘されてこなかった鴨川の特性が明らかにされたので、それについて以下に述べることで、要約の代わりとしておきたい。

鴨川は、大都市を流れるにもかかわらず清浄で美しい景観を備えているというイメージを持たれてきたことに関しては、各執筆者が共通する認識に立っていた。多くの章でこのような鴨川のイメージを扱っていたが、その中に多くの興味深い論点があったため、まずイメージについて以下の四点ほどに集約して示しておきたい。

一つ目の論点は、イメージの時間性に関することである。本書で指摘してきたような鴨川のイメージは、ある日突然にできあがったのではなく、長い歴史の中で徐々に形成されてきたものであるとする考え方をした。いうなれば、イメージの形成には時間が必要ということなのであるが、この事実は意外に知られていないことであり、いくつもの章の中でそのことに触れられている。さらにそれと同様に時間性に関連したことでいえば、イメージの連続という論点も指摘された。つまり、鴨川はこれまでずっと連続して美しく清浄な水をたたえてきたのではなかった、ということである。かつては死体が流されたことも、戦や処刑のために血で染まったこともあったし、近代には廃水で汚染されたこともあった。そこに新しいイメージが加わったり、時間をかけて水質が改善され景観が整備されることによって、美しく清浄な河川というイメージを持たれるようになった。従って時間性に関しては、多くの章で現在の鴨川のイメージだけから判断すると、実像がわからない可能性があることが指摘されている。

二つ目に、イメージの空間性に関する論点も指摘された。鴨川のイメージは、空間的にみて地域ごとに異なっている。例えば、左岸域と右岸域、あるいは上流・中流・下流でイメージが異なっているし、さらに他流域との対比の中でとらえることで、新しく明らかにされた事実もある。このことは、これまであまり明確にされてこなかった点でもある。これに関連して、どこに基準を置いてイメージをとらえるかで、全く別の顔をみせる点があることにも注意すべきであろう。現在の鴨川のイメージは、繁華街近くの中流付近を基準に置いて語られることが多い。しかし、その上流にも下流にも中流とは違ったイメージを持つ空間が存在している。さらに、中流のイメージは上流から影響を受け、下流に影響を及ぼす役割を果たす。従って、イメージを正しく理解するためには、その空間性も無視してはならないということになる。

三つ目に、イメージは何をきっかけにどのようにして形成されたのかということも重要な論点であった。仮に、少人数で特定のイメージを共有できたとしても、多くの人がそう認識しないと一般的なイメージの形成にはつながらない。一般的なイメージができあがるためには、例えば教科書・文学書・映画・歌・絵・写真などのような媒体が不可欠で、それによって多数の人々が共通のイメージを持ってきたという事実がある。本書ではイメージを形成する媒体に関しては取り扱われたものの、どのような媒体が鴨川のイメージの形成にどの程度の影響を与えたかにまでは踏み込めていなかったため、それについては今後の課題としておきたい。

四つ目に、鴨川のイメージとしてそれが持つ境界性に関する論点があった。つまり、鴨川は、此岸である市街地と彼岸である鴨東地域との境界を成してきたとする考え方である。鴨川は、古くは葬送や処刑の地であり、合戦が行われるなど、そこは恐れの対象でもあった。ところが、中世末期頃になると鴨川では親水行為がみられるようになり、美しく楽しい空間と認識されるようにもなった。このように、鴨川はその境界性を徐々に弱めつつあるものの、京都にはまだ厳然とそれが存在するという考え方は根強く残っている。

鴨川のイメージに関してはほかにもまだ多くの論点があったが、それ以外の論点についても興味ある内容があったので、以下に述べてみたい。

その中には、鴨川は自然物か人工物かという論点があった。鴨川は、人々がその周辺で生活する以前においては、当然のことながら自然物そのものであった。しかし、歴史時代に入って鴨川に治水・灌漑・水運・生活などを目的に人の手が入ることで、そこに人工物としての面が追加された。従って、そうなって以降、鴨川は人の手が入った自然物ないしは、両者の合体物となった。だからといって、鴨川の持つ自然性が薄れたのではなく、人が河川に近づいた分だけ美しさを享受する機会も増えた反面、被災する危険性が増したことも知っておかねばならないだろう。

そのほかに、文化が鴨川によって育まれたという論点も見逃せない。一般的には、その地域に河川が存在することで、それを利用したりそれから災害を受けるなどして、それぞれ独特な文化(圏)を形成してきた。この事実は、鴨川でも例外ではない。ただし、鴨川は長く国家の中心地であった京都にあったために、その歴史によってとりわけ大きな影響を受けた結果、そこから他地域ではみられないような独特な文化・芸能・産業などが育っていった。このことはほかの河川と大きく異なる点であろう。

本書には、このように多くの章にまたがるいくつもの論点があって、それらについて共通した指摘がなされてきたことを、以上のように整理してみた。これらのことから、敢えて要約をしなくとも鴨川の大まかな特性を把握することができるのではないかと考える。

本書では、サブタイトルの一部に「光と影」という言葉を使った。影の部分に触れずに、光の部分だけをとらえたとしても鴨川の実像を明らかにはできない。このように学際的な視点を持ちながら、時空間的な比較を通して鴨川の多様性を明らかにすることで、その実像に一歩近づくことができたのではないだろうか。

読者の皆様には、鴨川の多様性を知った上で再度鴨川をみていただきたい。そうすることで、これまでとは違った奥深い鴨川を実感していただけることになるだろう。

謝辞

本書を刊行するにあたり、昨今の厳しい出版事情にもかかわらず、快く刊行いただいた文理閣の黒川美富子代表に厚く御礼を申し上げます。また、かなり前の時期になりますが、本書の編集にご協力いただいた当時立命館大学の大学院生であった井上学氏（現・㈱シティプランニング顧問）と同じく近藤暁夫氏（現・愛知大学文学部准教授）に心より御礼を申し上げます。

二〇二一年六月

吉越昭久

編著者紹介

吉越昭久（よしこし　あきひさ）

1948年　新潟県妙高市生まれ
1976年　立命館大学大学院博士課程　中退
1976～1995年　奈良大学（助手・専任講師・助教授・教授）
1995～2017年　立命館大学（教授・特任教授）
現在　立命館大学名誉教授

主な著書
『都市の水文環境』共立出版、1987年（共著）
『新防災都市と環境創造』法律文化社、1996年（共編著）
『人間活動と環境変化』古今書院、2001年（編著）
『アジアの都市と水環境』古今書院、2011年（共編著）
『京都の歴史災害』思文閣出版、2012年（共編著）
『日本災害資料集　水害編』（全七巻）クレス出版、2012年（編著）
『日本災害資料集　気象災害編』（全五巻）クレス出版、2013年（編著）
『災害の地理学』文理閣、2014年（編著）
『日本風水害誌集』（全四巻）クレス出版、2015年（編著）
『近世福山城下町の歴史災害』文理閣、2020年（単著）
『日本自然災害資料集　第Ⅱ集』（全四巻）クレス出版、2020年（編著）

英語タイトル
Kamo River, Kyoto: The real image seen from “Light and Shadow”

京都・鴨川―「光と影」からみる実像―

2021年11月25日　第1刷発行

編著者　吉越昭久

発行者　黒川美富子

発行所　図書出版　文理閣
京都市下京区七条河原町西南角 〒600-8146
電話（075）351-7553　FAX（075）351-7560
http://www.bunrikaku.com

印　刷　新日本プロセス株式会社

ISBN978-4-89259-893-7